KUMON

チャレンジ! IchigoJam

くもんの
プログラミングワーク

WORK 2

KUMON PROGRAMMING WORK

CHALLENGE!

監修 IchigoJam 開発者 福野 泰介

くもん出版

CONTENTS

注意事項

本書に掲載されている情報は、2020年8月現在のものです。ソフトのバージョンアップなどにより、本書の情報と、IchigoJamの実際の表示が異なることがあります。IchigoJam、IchigoDyhookなど、各機器の最新の情報は、各社ホームページをご確認ください。

HOW TO USE

この本の使い方

使い方1 通常《つうじょう》ページ

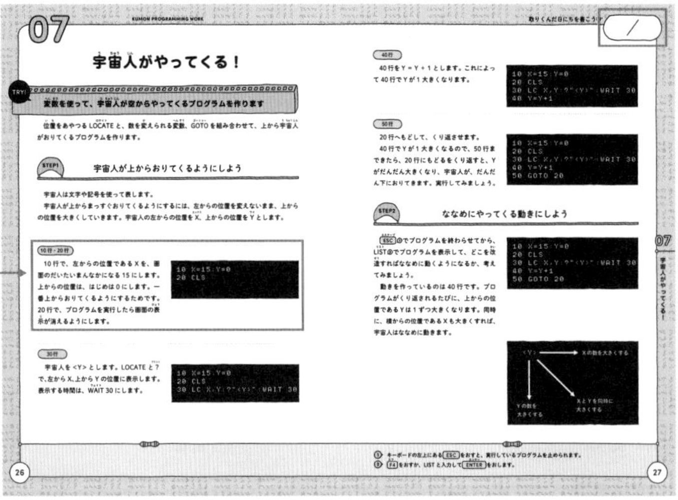
07

KUMON PROGRAMMING WORK

宇宙人がやってくる！

TRY! 変数を使って、宇宙人が空からやってくるプログラムを作ります

位置をあやつる LOCATE と、数を変えられる変数、GOTO を組み合わせて、上から宇宙人がおりてくるプログラムを作ります。

STEP1 宇宙人が上からおりてくるようにしよう

宇宙人は文字や記号を使って表します。

宇宙人が上からまっすぐおりてくるようにするには、左からの位置を変えないまま、上からの位置を大きくしていきます。宇宙人の左からの位置を X、上からの位置を Y とします。

10行・20行

10行で、左からの位置である X を、画面のだいたいまんなかになる 15 にします。上からの位置は、はじめは 0 にします。一番上からおりてくるようにするためです。20行で、プログラムを実行したら画面の表示が消えるようにします。

```
10 X=15:Y=0
20 CLS
```

30行

宇宙人を <Y> とします。LOCATE と ? で、左から X、上から Y の位置に表示します。表示する時間は、WAIT 30 にします。

```
10 X=15:Y=0
20 CLS
30 LC X,Y:?"<Y>":WAIT 30
```

26

取りくんだ日にちを書こう ／

40行

40行を Y = Y + 1 とします。これによって 40行で Y が 1 大きくなります。

```
10 X=15:Y=0
20 CLS
30 LC X,Y:?"<Y>":WAIT 30
40 Y=Y+1
```

50行

20行へもどして、くり返させます。

40行で Y が 1 大きくなるので、50行まできたら、20行にもどるをくり返すと、Y がだんだん大きくなり、宇宙人が、だんだん下におりてきます。実行してみましょう。

```
10 X=15:Y=0
20 CLS
30 LC X,Y:?"<Y>":WAIT 30
40 Y=Y+1
50 GOTO 20
```

STEP2 ななめにやってくる動きにしよう

ESC ①でプログラムを終わらせてから、LIST ②でプログラムを表示して、どこを改造すればななめに動くようになるか、考えてみましょう。

動きを作っているのは 40行です。プログラムがくり返されるたびに、上からの位置である Y は 1 ずつ大きくなります。同時に、横からの位置である X も大きくすれば、宇宙人はななめに動きます。

```
10 X=15:Y=0
20 CLS
30 LC X,Y:?"<Y>":WAIT 30
40 Y=Y+1
50 GOTO 20
```

<Y> → X の数を大きくする

Y の数を大きくする

X と Y を同時に大きくする

① キーボードの左上にある ESC をおすと、実行しているプログラムを止められます。

② F4 をおすか、LIST と入力して ENTER をおします。

07 宇宙人がやってくる！

27

① 説明を読みながら、いっしょにプログラムを作ってみよう

② 取り組んだ日の日にちを書こう

使い方2 やってみよう！と答えページ

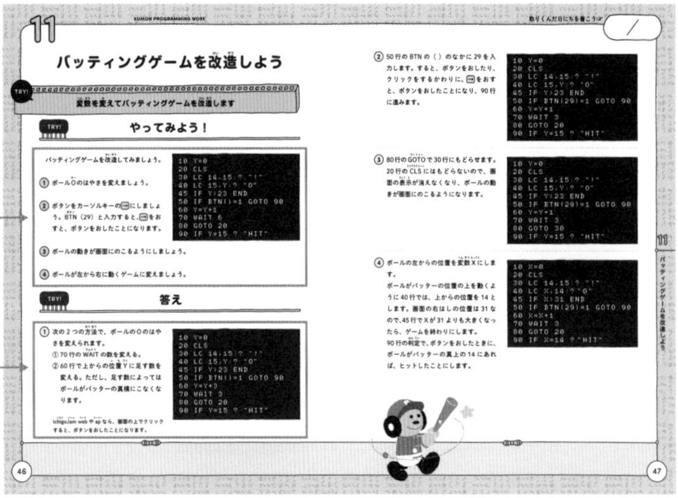
11

KUMON PROGRAMMING WORK

バッティングゲームを改造しよう

TRY! 変数を変えてバッティングゲームを改造します

TRY! やってみよう！

バッティングゲームを改造してみましょう。

① ボールOのはやさを変えましょう。

② ボタンをカーソルキーの→にしましょう。BTN (29) と入力すると、→をおすと、ボタンをおしたことになります。

```
10 Y=0
20 CLS
30 LC 14,15:? "!"
40 LC 15,Y:? "O"
45 IF Y>23 END
50 IF BTN()=1 GOTO 90
60 Y=Y+1
70 WAIT 6
80 GOTO 20
90 IF Y=15 ? "HIT"
```

③ ボールの動きが画面にのこるようにしましょう。

④ ボールが左から右に動くゲームに変えましょう。

TRY! 答え

① 次の 2 つの方法で、ボールのOのはやさを変えられます。

① 70行の WAIT の数を変える。

② 60行で上からの位置 Y に足す数を変える。ただし、足す数によってはボールがバッターの真横にこなくなります。

IchigoJam web や ap なら、画面の上でクリックすると、ボタンをおしたことになります。

```
10 Y=0
20 CLS
30 LC 14,15:? "!"
40 LC 15,Y:? "O"
45 IF Y>23 END
50 IF BTN()=1 GOTO 90
60 Y=Y+3
70 WAIT 3
80 GOTO 20
90 IF Y=15 ? "HIT"
```

46

取りくんだ日にちを書こう ／

② 50行の BTN の（ ）のなかに 29 を入力します。すると、ボタンをおしたり、クリックをするかわりに、→をおすと、ボタンをおしたことになり、90行に進みます。

```
10 Y=0
20 CLS
30 LC 14,15:? "!"
40 LC 15,Y:? "O"
45 IF Y>23 END
50 IF BTN(29)=1 GOTO 90
60 Y=Y+1
70 WAIT 3
80 GOTO 20
90 IF Y=15 ? "HIT"
```

③ 80行の GOTO で 30行にもどらせます。20行の CLS にはもどらないので、画面の表示が消えなくなり、ボールの動きが画面にのこるようになります。

```
10 Y=0
20 CLS
30 LC 14,15:? "!"
40 LC 15,Y:? "O"
45 IF Y>23 END
50 IF BTN(29)=1 GOTO 90
60 Y=Y+1
70 WAIT 3
80 GOTO 30
90 IF Y=15 ? "HIT"
```

④ ボールの左からの位置を変数 X にします。

ボールがバッターの位置の上を動くように 40行では、上からの位置を 14 とします。画面の右はしの位置は 31 なので、45行で X が 31 よりも大きくなったら、ゲームを終わりにします。

90行の判定で、ボタンをおしたときに、ボールがバッターの真上の 14 にあれば、ヒットしたことにします。

```
10 X=0
20 CLS
30 LC 14,15:? "!"
40 LC X,14:? "O"
45 IF X>31 END
50 IF BTN(29)=1 GOTO 90
60 X=X+1
70 WAIT 3
80 GOTO 20
90 IF X=14 ? "HIT"
```

11 バッティングゲームを改造しよう

47

③ 問題文を読んで、自分でプログラムを考えて作ってみよう

④ 分からなければ、答えを見ながらいっしょにやってみよう

巻末《かんまつ》の「コマンド一覧《いちらん》」、「記号一覧」、「こんなとき、どうする？」（困ったときの対処法《たいしょほう》）も参考にしてみよう！

最後《さいご》はふりかえり問題に挑戦《ちょうせん》してみよう！

監《かん》修《しゅう》者《しゃ》のことば

Ichigo《イチゴ》Jam《ジャム》は、
トライアル＆エラーのサイクルを回せる、
最高のものづくり環境

自ら課題を見つけ、知恵と最新のツールを使って、チャレンジをつづける「創造的な人材」の必要性が叫ばれ出したのは 90 年後半。あれから 20 年以上がすぎ、小学校でのプログラミングが必修となり、1 人 1 台学習用のパソコンを用意する GIGA《ギガ》スクール構想も実現にむけて進んでいます。新しい時代を生きていく子どもたちに、プログラミングや IT の力が必要不可欠であるという認識がやっと浸透してきました。

わたしがプログラミングと出会ったのは、小学 3 年生の時です。両親が MSX というパソコンを買ってくれました。電源をいれると、「OK」という文字とカーソルが表示されます。説明書を読みながら入力すると、すぐに反応してくれ、かんたんなゲームが動いた感動は今でもわすれられません。もっと作りたい、もっと知りたい。その気持ちが原動力になりました。

ものを作ることの本質は、試《し》行《こう》錯《さく》誤《ご》のくり返しにあります。いきなりうまくいくことなんてありません。だからこそ楽しいのです。プログラミングの楽しさは、トライアル＆エラーが学習者とパソコンだけで完結でき、そのサイクルをどんどん回せることにあります。材料を買う必要もありません。足りない道具は自分で作れてしまう最高のものづくり環境に、失敗を恐れない子どものころに出会えたのは幸運でした。34 年たった今でも、飽きるどころか、楽しみはふえる一方です。

IchigoJam を通じて子どもたちに知ってほしいのは、自ら学びつづける楽しさです。ゲームの世界で、レベルが上がると新しい魔法を習得できるように、プログラムを作れば作るほどに、実社会で使える技術が身についていきます。コンピューターの世界は進化がはやいですが、基本原理は 50 年間変わっていません。わたしが作りたかったのは、パソコンがまだ「子ども」だった時代のシンプルな楽しさをもった、深くて広い世界への案内人。それが、こどもパソコン IchigoJam です。本書を通じて、その楽しさにどっぷりつかってみてください。

2020年 8月

IchigoJam 開発者
福《ふく》野《の》泰《たい》介《すけ》

01

Ichigo《イチゴ》Jam《ジャム》の準《じゅん》備《び》をしよう

TRY!

すきな方《ほう》法《ほう》をえらんではじめましょう

それぞれの方《ほう》法《ほう》の最《さい》新《しん》情《じょう》報《ほう》については、ホームページを確《かく》認《にん》してください。

方法1　組み立てから自分でやってみたいなら、Ichigo《イチゴ》Jam《ジャム》を使おう

Ichigo《イチゴ》Jam《ジャム》に、モニター、キーボード、電《でん》源《げん》をつなぎます。

IchigoJam ホームページ：https://ichigojam.net/

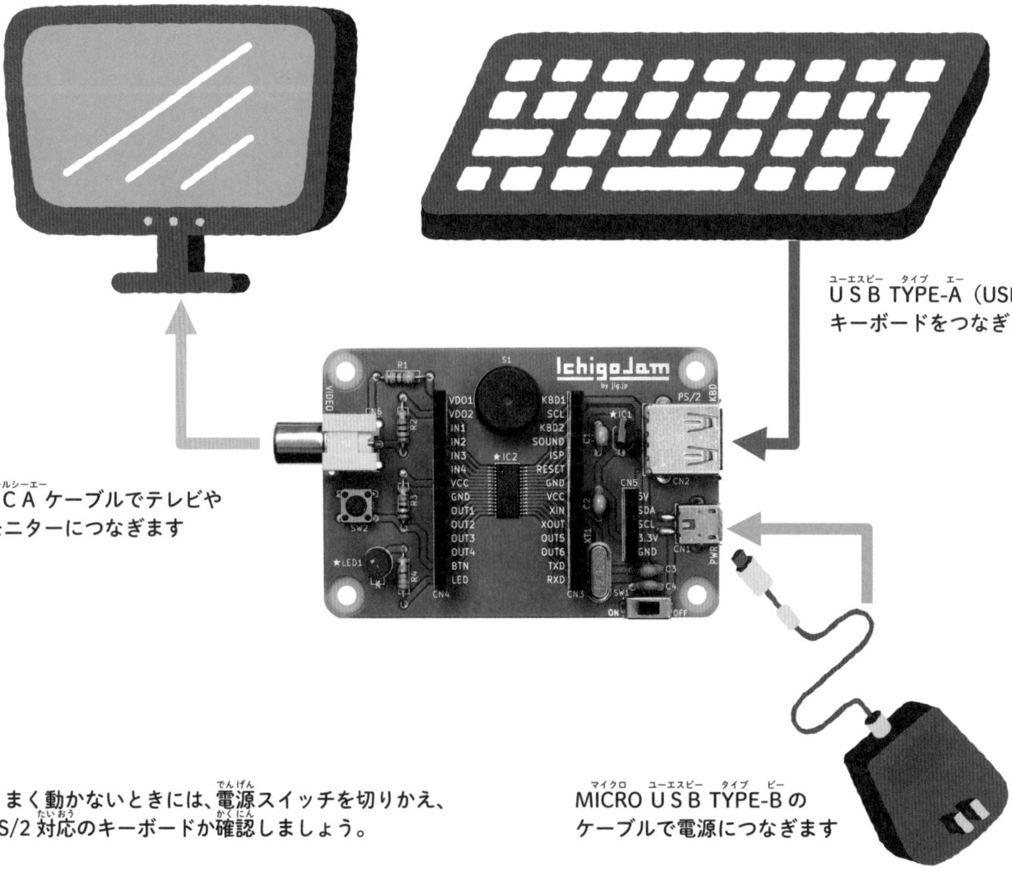

うまく動かないときには、電《でん》源《げん》スイッチを切りかえ、
PS/2 対《たい》応《おう》のキーボードか確《かく》認《にん》しましょう。

方法 2　すぐにはじめたいなら、Ichigo《イチゴ》Dyhook《ダイフク》を使おう

Ichigo《イチゴ》Dyhook《ダイフク》に Ichigo《イチゴ》Dake《ダケ》をさして、スイッチをいれるだけではじめられます。

IchigoDyhook ホームページ：https://pcn.club/sp/dyhook/

IchigoDyhook

MICRO USB TYPE-B で
電源につなぐこともできます

IchigoJam BASIC 用

IchigoDake

IchigoDake をさします

乾《かん》電《でん》池《ち》でも動くので、いろいろな場所で使えます。

ほかには…

パソコンに Ichigo《イチゴ》Kamuy《カムイ》をさせば、パソコンで Ichigo《イチゴ》Jam《ジャム》 BASIC《ベーシック》のプログラミングをすることができます。インターネット接続《せつぞく》も必《ひつ》要《よう》ありません。くわしくはホームページで確認《かくにん》しましょう。

IchigoKamuy ホームページ：https://www.ichigokamuy.net/

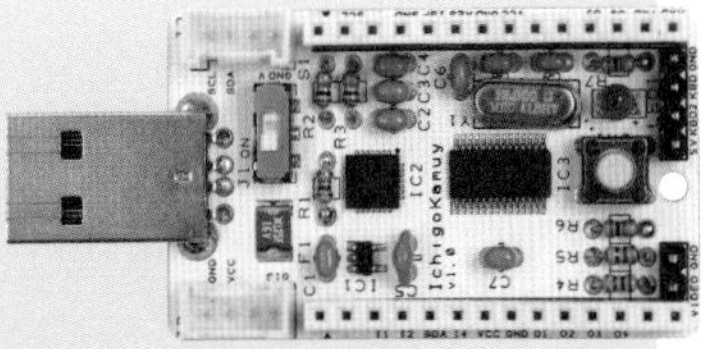

IchigoKamuy

パソコンの
USB にさして
使います

方法３　パソコンに、Ichigo《イチゴ》Jam《ジャム》 ap《エーピー》をダウンロードしてみよう

Windows《ウィンドウズ》 と MacOS《マックオーエス》 のパソコンで Ichigo《イチゴ》Jam《ジャム》 BASIC《ベーシック》 のプログラミングができるソフトがあります。ダウンロードするときには、インターネット接続《せつぞく》が必要《ひつよう》ですが、一度ダウンロードすると、そのあとは、オフライン（インターネットに接続されていない状態《じょうたい》）でも使用できます。

一番下の URL《ユーアールエル》 からダウンロードができます。「Ichigo《イチゴ》Jam《ジャム》 ap《エーピー》」というフォルダを、パソコンのデスクトップにコピーします。Windows のパソコンでは、フォルダの中の「IchigoJam-ap-win」を、MacOS のパソコンでは「IchigoJam-ap-mac」をマウスでダブルクリックして実行してください。

Windows　→　IchigoJam-ap-win をダブルクリック
MacOS　→　IchigoJam-ap-mac をダブルクリック

すぐにプログラミングをはじめることができます。

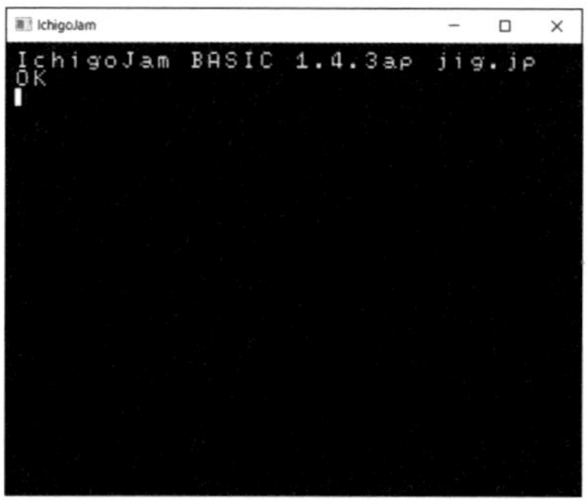

IchigoJam ap では、LED《エルイーディー》 が光るかわりに、画面に赤いふちどりがあらわれます。

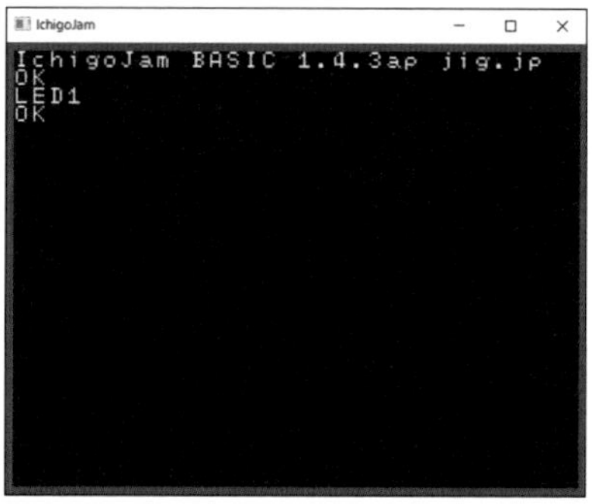

IchigoJam ap は、こちらからダウンロードできます。
https://ichigojam.net/kumon.html

パスワードは　**347483842270**　です。

方法 4　インターネットにつなげたパソコンでやるなら、IchigoJam《イチゴジャム》 web《ウェブ》 を使おう

インターネットにつなげたコンピューターでは、インターネットブラウザで IchigoJam《イチゴジャム》 web《ウェブ》 を使うことができます。

IchigoJam web ホームページ：https://fukuno.jig.jp/app/IchigoJam/

> IchigoJam web が動くブラウザ
>
> Google《グーグル》 Chrome《クローム》 / Apple《アップル》 Safari《サファリ》 / Microsoft《マイクロソフト》 Edge《エッジ》 / Mozilla《モジラ》 Firefox《ファイアーフォックス》
>
> ※ Internet《インターネット》 Explorer《エクスプローラー》 では動きません　※ブラウザのバージョンや状態によっては正しく動かないことがあります

IchigoJam web

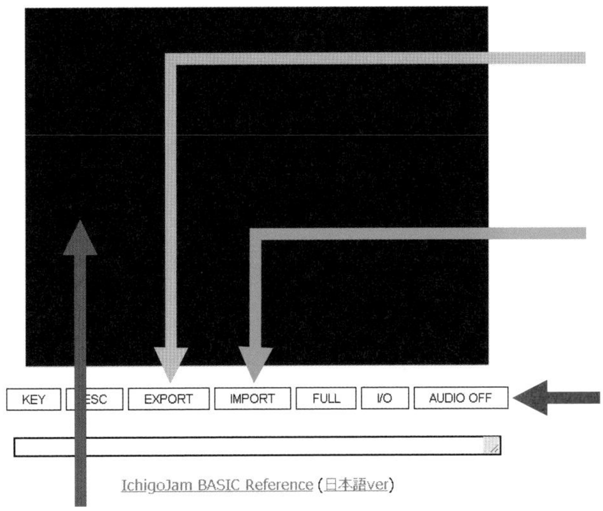

EXPORT《エクスポート》 ボタンをクリックすると、プログラムが下の窓《まど》に表示されます。それをコピーしてほかのソフトにはりつけると、プログラムを保存《ほぞん》できます。

下の窓にプログラムをはりつけて IMPORT《インポート》 ボタンをクリックすると、プログラムが読みこまれます。

音を出すプログラムを動かすときに使います。

この画面でプログラミングをします。

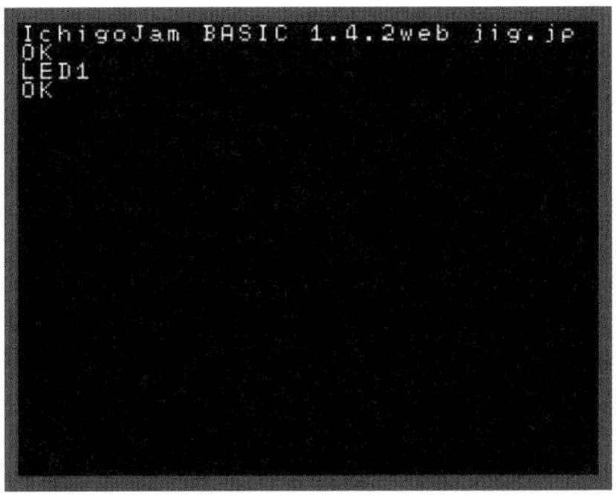

IchigoJam web では、LED が光るかわりに、画面に赤いふちどりがあらわれます。

2020 年 8 月現在《げんざい》の情報《じょうほう》です。最新《さいしん》情報はホームページを確認《かくにん》してください。

02

基《き》本《ほん》のコマンド

TRY!

『くもんのプログラミングワーク①』で練習したコマンドを復習《ふくしゅう》します

STEP1

コマンドを使って、意味を確認《かくにん》しよう

右下のプログラムの、それぞれの行の意味を確認《かくにん》しましょう。

10 行　画面の表示《ひょうじ》を消す

20 行　ボタンがおされたら次の行へ進む

30 行　LED《エルイーディー》が光る（2 秒以内《いない》のランダムな時間）

40 行　ブザーが鳴る（1 秒）

50 行　ボタンがおされたら次の行へ進む

60 行　LED が消える（2 秒）

70 行　ドレミファソと音が出る（3 秒）

80 行　NEXT《ネクスト》と表示される（1 秒）

90 行　10 行へもどる

```
10 CLS
20 IF BTN()=0 GOTO 20
30 LED 1:WAIT RND(120)
40 BEEP 5,60
50 IF BTN()=0 GOTO 50
60 LED 0:WAIT 120
70 PLAY"CDEFG":WAIT 180
80 ? "NEXT":WAIT 60
90 GOTO 10
```

Ichigo《イチゴ》Jam《ジャム》 web《ウェブ》や ap《エーピー》では、画面の上でクリックすると、ボタンをおしたことになります

コマンドとコマンドの間や、コマンドと数字、記号の間にスペースがなくても Ichigo《イチゴ》Jam《ジャム》はコマンドを認識《にんしき》してくれますが、あるほうが見やすいので、スペースをいれたほうがよいでしょう。

ただし、本書では、レイアウトの関係《かんけい》で一部スペースを省略《しょうりゃく》しているところがあります。

STEP2　コマンドのはたらきを確認しよう

『くもんのプログラミングワーク①』で使ったコマンドのはたらきを復習《ふくしゅう》しましょう。

コマンド	読み方	はたらき
CLS	クリアスクリーン	画面の表示を消す。F1《エフ》でも実行できる。
LED	エルイーディー	LED 1でLEDを光らせる。LED 0でLEDを消す。
WAIT	ウェイト	数の大きさの時間だけ待つ（WAIT 60で1秒）
PRINT	プリント	文字列や数字を画面に表示する。省略形《しょうりゃくけい》は「?」。
RND(数)	ランダム	0から（数）未満《みまん》のでたらめな整数を返す。
GOTO	ゴートゥー	指定した行へ進む。
BTN	ボタン	ボタンがおされたときに1、おされていないときに0を返す。
IF	イフ	条件《じょうけん》によって判断《はんだん》をする。
BEEP	ビープ	ブザー（単音《たんおん》）を鳴らす。
PLAY	プレイ	音楽を鳴らす。
RUN	ラン	プログラムを実行する。F5でも実行できる。
LIST	リスト	プログラムを表示する。F4でも実行できる。
SAVE	セーブ	プログラムを保存《ほぞん》させる。
FILES	ファイルズ	保存したプログラムをたしかめる。
LOAD	ロード	保存したプログラムをよび出す。
NEW	ニュー	プログラムをわすれさせる。

03

プログラミングの基《き》本《ほん》ルール

TRY!

基《き》本《ほん》のルールを復《ふく》習《しゅう》します

STEP1 エラーが出たら、どうする？

```
Syntax error
```

プログラムを実行して、Syntax《シンタックス》 error《エラー》などが出たら、プログラムにまちがい(エラー)があります。プログラミングでは、「エラーをどう直すか」を考えることがとても大切です。Syntax error だと、どの行がまちがっているか、教えてくれるときもあります。すぐに CLS《クリアスクリーン》や NEW《ニュー》で消してしまうのではなく、プログラム全体をよく見て、まちがいをさがしましょう。形が似《に》ている文字を使ってエラーになることが多いので、文字の形に注意するようにしましょう。

STEP2 エラーの直し方

エラーの直し方には、次のようなものがあります。

直したら、かならず、それぞれの行で ENTER《エンター》 をおして、修《しゅう》正《せい》したプログラムをおぼえさせましょう。

・まちがっているところを BACKSPACE《バックスペース》 で消して、正しいものを入力し直す。
・プログラムの行番号だけ変《か》えて、ENTER をおせば、同じプログラムで別《べつ》の行を作れる。
・1 行すべてを消すときには、行番号の数字だけを入力して ENTER をおす。
・プログラム全体を見ながら直したいときは、LIST《リスト》①で画面に全体を表《ひょう》示《じ》させる。
・画面におさまらない長いプログラムを LIST で表示するとき、ESC《エスケープ》 をおすと、表示をとちゅうで止めることができます。

① F4《エフ》 をおすか、LIST と入力して ENTER をおします。

STEP3　プログラムを保存《ほぞん》する方法《ほうほう》

プログラムをコンピューターのファイルに保存《ほぞん》させたいときには、SAVE《セーブ》コマンドを実行します。SAVE 0 で、0 番のファイルにプログラムが保存されます。保存できる場所は SAVE 0 から SAVE 3 までの 4 箇所《かしょ》です。

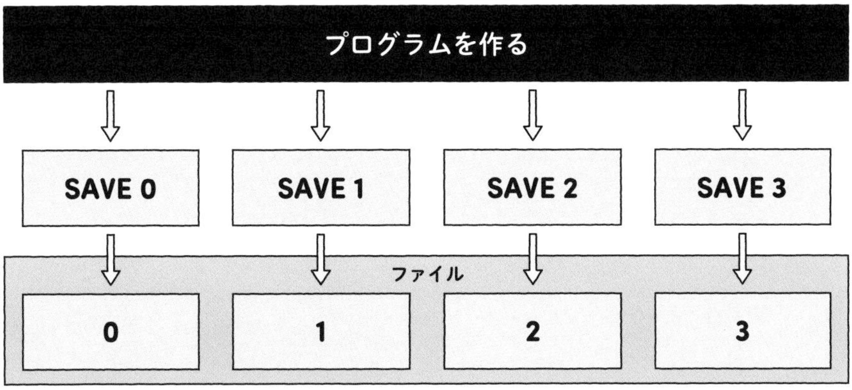

SAVE で保存すれば、プログラムをわすれさせても、IchigoJam《イチゴジャム》の電源《でんげん》を切っても、LOAD《ロード》でプログラムをよび出せます。ファイルからよび出すときには、同じ番号をつけて LOAD 0 ～ LOAD 3 を実行します。

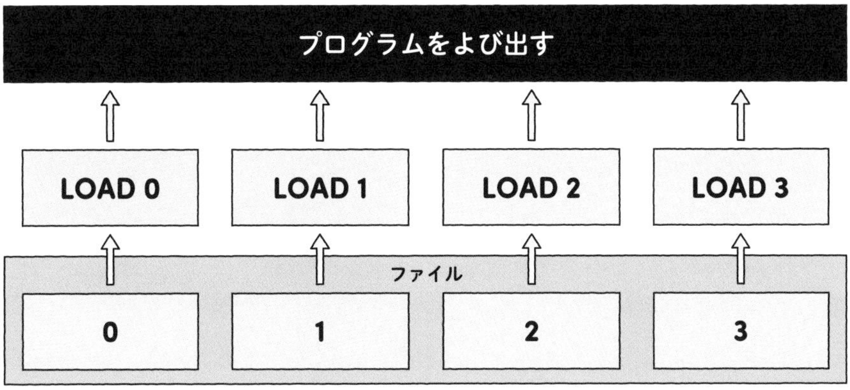

IchigoJam《イチゴジャム》 web《ウェブ》では、画面下の EXPORT《エクスポート》を使って、プログラムを保存することができます。EXPORT をおすと、ボタンの下のテキストボックスに、プログラムがテキストデータとして出てきます。それをコピーし、メモ帳《ちょう》などの機能《きのう》でテキストとして保存しておきます。

テキストとして保存されたプログラムを IchigoJam に読みこませるには、テキストボックスにプログラムのテキストを入力して、IMPORT《インポート》ボタンをおします。

04

計算記号を使ってみよう

TRY!

足し算や引き算、かけ算、割《わ》り算などの、計算で使う記号を使ってみます

足し算や、引き算の記号は算数と同じですが、かけ算と割《わ》り算の記号が、算数とはちがいます。%《パーセント》も、ふつうとはちがう使い方をします。

STEP1 足し算と引き算

足し算と引き算の記号は、算数や数学と同じです。

?《プリント》で、24 − 32 + 75 の答えを画面に表示《ひょうじ》させましょう。=《イコール》はつけずに、ENTER《エンター》をおしてみましょう。答えが表示されます。

```
? 24-32+75
67
OK
```

STEP2 かけ算

かけ算の記号は、＊《アスタリスク》を使います。＊は、SHIFT《シフト》をおしながら、＊マークが書かれたキーをおすと入力できます。

7 + 8 + 9 × 5 を実行してみます。かけ算を先に計算して、正しい答えを出してくれます。

```
? 7+8+9*5
60
OK
```

Ichigo《イチゴ》Jam《ジャム》は、答えが 32767 より大きくなる、または −《マイナス》32768 より小さくなると、正しく表示されません。

STEP3　割り算

割り算の記号は、／《スラッシュ》を使います。

10000 ÷ 2 + 1000 ÷ 2 を実行してみましょう。

10000 ÷ 2 + 1000 ÷ 2 ＝ 5000 + 500
　　　　　　　　　　　 ＝ 5500

```
? 10000/2+1000/2
5500
OK
```

ただし／を使った割り算は「あまり」や「小数点以下《いか》」を表示しません。

5 ／ 3 を実行してみると、答えは 1 だけです。

5 ÷ 3 ＝ 1 あまり 2

算数での正しい答えは「1 あまり 2」または「1.66666…」ですが、このとき、あまりや小数点以下は表示されません。

```
? 5/3
1
OK
```

STEP4　あまりだけ返してくる%《パーセント》

%《パーセント》①は、割り算のあまりだけを返します。算数にはあまりだけを出す記号はありません。

5 % 3 を実行してみると、

5 ÷ 3 ＝ 1 あまり 2

で、あまりの 2 を返してきます。

%を使うと、連続《れんぞく》する数字を、一定のくり返しに変《か》えることができます。

```
? 5%3
2
OK
```

連続する数字：	1	2	3	4	5	6	7	8	9	10
↓										
÷ 2 のあまり：	1	0	1	0	1	0	1	0	1	0
÷ 3 のあまり：	1	2	0	1	2	0	1	2	0	1
÷ 4 のあまり：	1	2	3	0	1	2	3	0	1	2

%はあまりを出す記号？

%は、全体を 100 としたときに、ある数量《すうりょう》が全体のうちのどのくらいなのかをあらわす記号です。

算数では、%を割り算のあまりを出す記号としては使わないので気をつけましょう。

① %を入力するには、SHIFT をおしながら、%が書かれたキーをおします。

05

夜空に星をうかべよう

TRY!

決めた位置《いち》に星を表示《ひょうじ》させます

STEP1 画面のなかの場所を指定しよう

場所の指定には LOCATE《ロケイト》 コマンドを使います。LOCATE は「場所を決める」という意味の英語《えいご》です。

```
LOCATE 16,12:PRINT"*"
```

IchigoJam《イチゴ ジャム》 の画面の大きさは、横が 0 ～ 31、たてが 0 ～ 23 です。

右上のプログラムを実行してみると、画面のまんなかあたりに＊《アスタリスク》が表示《ひょうじ》されます。正確《せいかく》には、左から 16、上から 12 進んだところです。

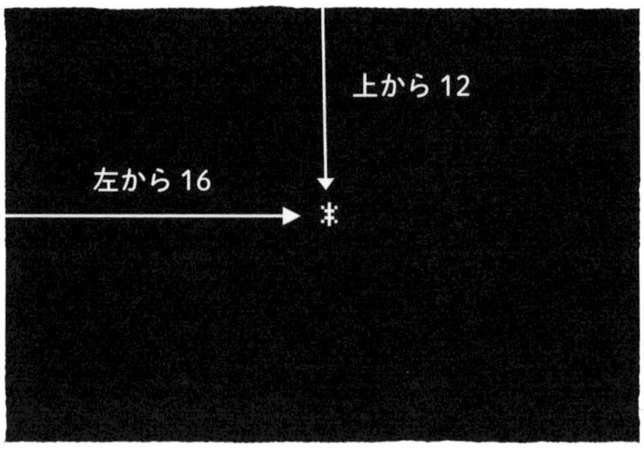

左からの位置《いち》の数を大きくすれば、画面の右の方に、上からの位置を大きくすれば、画面の下の方に表示されます。

LOCATE には、LC《エルシー》 という省略形《しょうりゃくけい》があります。

STEP2 文字を 3 つ表示させよう

LOCATE を使ったプログラムをつなげれば、複数《ふくすう》の文字や記号を、位置を決めて画面に表示できます。

```
LC 25,15:?"A":LC 10,
10:?"B":LC 7,20:?"C"
```

A《エー》、B《ビー》、C《シー》 の 3 つの文字を表示させてみましょう。

A の位置は、左から 25、上から 15
B の位置は、左から 10、上から 10
C の位置は、左から 7、上から 20

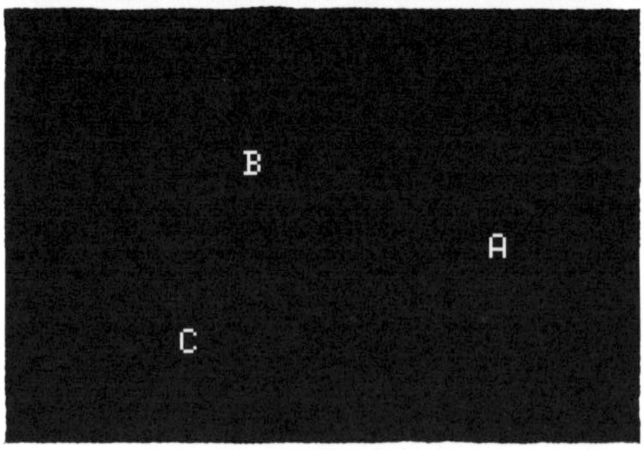

STEP3 南十字星《みなみじゅうじせい》の形を知ろう

南半球《みなみはんきゅう》の夜空には、4つの星が四角形にならぶ南十字星《みなみじゅうじせい》が見られます。南半球でもっとも目立つ南十字星は、昔は航海《こうかい》の目じるしにされていました。

STEP4 4つの星の位置を決めよう

4つの星を表示させて、画面に南十字星を作ります。
星の位置を決めます。

上の星の位置を、
左から10、上から5とします。

左の星の位置を左から
5、上から10とします。

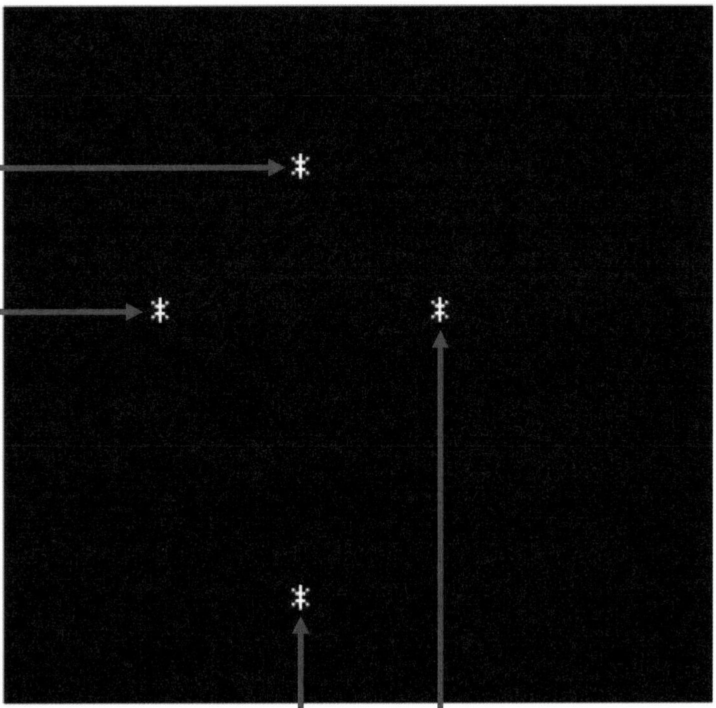

下の星は、上の星の下にくるように、
左から10の位置にします。
一番下にくるように、上から20の
位置にしてみます。

右側の星の位置を左から15、
上からの長さは右の星と同じ
10とします。

STEP5 画面に星を表示《ひょうじ》させよう

LC《ロケイト》と ?《プリント》を使って、指定した場所に星を表示《ひょうじ》させましょう。星は *《アスタリスク》にします。

10行

CLS《クリアスクリーン》で、画面の表示を消します。

```
10 CLS
```

20行〜50行

20行で、左から5、上から10の位置《いち》にある、左の星を“　”《ダブルクウォート》のなかに入力して画面に表示します。

30行で、右の星を表示します。

40行で、上の星を表示します。

50行で、下の星を表示します。

```
10 CLS
20 LC 5,10:?"*"
30 LC 15,10:?"*"
40 LC 10,5:?"*"
50 LC 10,20:?"*"
```

60行

10行にもどると、CLSで画面の表示が消えてから、また星が表示されるので、ぴかぴかとまたたくように見えます。

```
10 CLS
20 LC 5,10:?"*"
30 LC 15,10:?"*"
40 LC 10,5:?"*"
50 LC 10,20:?"*"
60 GOTO 10
```

20行にもどせば、星は表示されたままになります。

使っている機器《きき》によっては、表示がうまくいかないことがあります。そのときには、WAIT《ウェイト》で動きをおそくします。

RUN《ラン》①で実行してみましょう。プログラムを止めるときには、ESC《エスケープ》をおします。

```
10 CLS
20 LC 5,10:?"*":WAIT 50
30 LC 15,10:?"*":WAIT 50
40 LC 10,5:?"*":WAIT 50
50 LC 10,20:?"*":WAIT 50
60 GOTO 20
```

① F5《エフ》をおすか、RUNと入力してENTER《エンター》をおします。

TRY! やってみよう！

```
10 CLS
20 LC 5,10:?"*":WAIT 50
30 LC 15,10:?"*":WAIT 50
40 LC 10,5:?"*":WAIT 50
50 LC 10,20:?"*":WAIT 50
60 GOTO 10
```

① *を@《アットマーク》やX《エックス》など、ちがう文字にしましょう。

② 本物の南《みなみ》十《じゅう》字《じ》星《せい》は、下のイラストのように、右の星が少し上に、下の星が少し右にあります。
プログラムの数字を変《か》えて、本物の南十字星の形に近づけてみましょう。

③ この星《せい》座《ざ》には、十字のほかに、もう１つ明るい星があります。
イラストのように５つ目の星をくわえましょう。

④ WAIT を使って、星が表示されるスピードをもっとゆっくりにしましょう。

⑤ 一定のリズムで星が表示されるのではなく、それぞれちがうリズムで表示されるようにしましょう。

TRY!

答え

① 20 行、30 行、40 行、50 行のそれぞれの“ ”《ダブルクウォート》のなかをいろいろな文字に変《か》えます。
? は PRINT《プリント》の省略形《しょうりゃくけい》です。“ ”のなかの文字や数字をそのまま画面に表示《ひょうじ》します。

```
10 CLS
20 LC 5,10:?"@":WAIT 50
30 LC 15,10:?"X":WAIT 50
40 LC 10,5:?"$":WAIT 50
50 LC 10,20:?"#":WAIT 50
60 GOTO 10
```

② ESC《エスケープ》でプログラムを止めて、LIST《リスト》① でプログラム全体を画面に表示して改《かい》造《ぞう》します。
右の星を少し上にしたいので、30 行の上からの位置《いち》を 7 にします。
下の星が少し右にあるので、50 行の左からの位置を 13 にします。

```
10 CLS
20 LC 5,10:?"@":WAIT 50
30 LC 15,7:?"X":WAIT 50
40 LC 10,5:?"$":WAIT 50
50 LC 13,20:?"#":WAIT 50
60 GOTO 10
```

③ 5 つ目の星の位置は、左からの位置も上からの位置も、下の星と右の星のほぼ中間にあります。
下の星は、左からの位置が 13 で、上からの位置が 20 です。
右の星は、左からの位置が 15 で、上からの位置が 7 です。

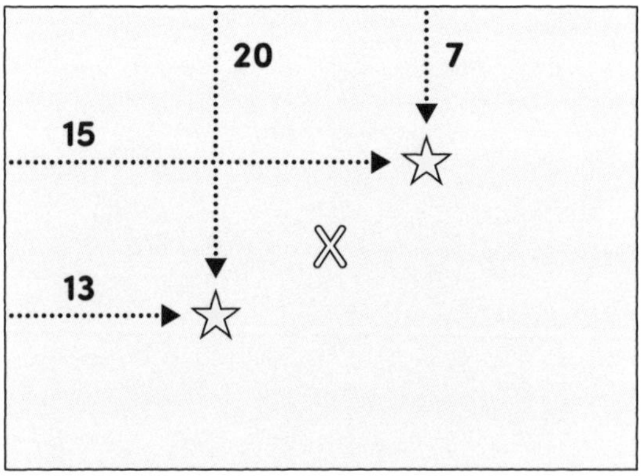

① F4《エフ》をおすか、LIST と入力して ENTER《エンター》をおします。

55行で5つ目の星 X《エックス》 を画面に出します。
5つ目の星Xの左からの位置は、下の星と右の星の中間なので、左からの位置は14。
5つ目の星Xの上からの位置も、右の星と下の星の中間なので、上からの位置を13にしてみます。

```
10 CLS
20 LC 5,10:?"@":WAIT 50
30 LC 15,7:?"X":WAIT 50
40 LC 10,5:?"$":WAIT 50
50 LC 13,20:?"#":WAIT 50
55 LC 14,13:?"X":WAIT 50
60 GOTO 10
```

④ 10行の CLS《クリアスクリーン》 で画面の表示を消す時間に WAIT《ウェイト》 をつけて、それぞれの WAIT の数を大きくします。今回は WAIT 80 にしてみました。

```
10 CLS:WAIT 50
20 LC 5,10:?"@":WAIT 80
30 LC 15,7:?"X":WAIT 80
40 LC 10,5:?"$":WAIT 80
50 LC 13,20:?"#":WAIT 80
55 LC 14,13:?"X":WAIT 80
60 GOTO 10
```

⑤ それぞれの星が表示される順番《じゅんばん》は一定ですが、それぞれの星が表示される時間を変《か》えれば、表示のリズムを変えることができます。
それぞれの WAIT の数で RND()《ランダム》②を使えば、プログラムをくり返すたびにリズムが変わります。

```
10 CLS:WAIT 50
20 LC 5,10:?"@":WAIT 20
30 LC 15,7:?"X":WAIT 90
40 LC 10,5:?"$":WAIT 50
50 LC 13,20:?"#":WAIT 10
55 LC 14,13:?"X":WAIT 99
60 GOTO 10
```

```
10 CLS:WAIT RND(50)
20 LC 5,10:?"@":WAIT RND(50)
30 LC 15,7:?"X":WAIT RND(50)
40 LC 10,5:?"$":WAIT RND(50)
50 LC 13,20:?"#":WAIT RND(50)
55 LC 14,13:?"X":WAIT RND(50)
60 GOTO 10
```

② RND(50) で、0～49までの50個《こ》の数字のなかから、どれか1つの数字が返ってきます。RND コマンドについてのくわしい説明は P.48「12 サイコロを作ろう」にもあります。

変数《へんすう》を使おう

TRY!

いろいろな数に変《か》えたいところに変数《へんすう》を使います

STEP1 変数《へんすう》とは？

いろいろな数に変《か》えたいところに文字を使います。その文字にいろいろな数をおぼえさせ、変えていくので、変数《へんすう》といいます。

IchigoJam《イチゴジャム》では、A《エー》からZ《ゼット》までの26文字のアルファベットを変数として使うことができます。

```
A B C D E F G H I J K L M N O P Q R S T U V W X Y Z
```

STEP2 文字に数をおぼえさせよう

＝《イコール》を使って、X《エックス》に23をおぼえさせます。ENTER《エンター》をおしましょう。OKが表示《ひょうじ》されます。同じように、＝を使って、Y《ワイ》に10をおぼえさせます。

```
X=23
OK
Y=10
OK
```

STEP3 文字で計算させよう

?《プリント》でX + Yを表示させましょう。33という答えが返されました。

では、次の式の答えを予想して、式の結果《けっか》を表示させましょう。

? X－Y

? X＊Y

? X／Y

```
X=23
OK
Y=10
OK
? X+Y
33
```

STEP4　答えをたしかめよう

STEP 3 の結果は次のようになります。それぞれ X と Y の足し算、引き算、かけ算、割《わ》り算です。

X + Y = 23 + 10 = 33

X − Y = 23 − 10 = 13

X ＊ Y = 23 × 10 = 230

X ／ Y = 23 ÷ 10 = 2

```
X=23
OK
Y=10
OK
? X+Y
33
OK
? X-Y
13
OK
? X*Y
230
OK
? X/Y
2
OK
```

STEP5　%《パーセント》を使ってみよう

%《パーセント》は割り算のあまりを返してきます。X を 7 で割ったときのあまりを表示させましょう。X = 23 としているので、23 ÷ 7 = 3 あまり 2 で、2 が返ってきます。

Y = 10 なので、10 ÷ 7 = 1 あまり 3 で、3 が返ってきます。

```
? X%7
2
OK
? Y%7
3
OK
```

STEP6 計算の答えを変数《へんすう》にしよう

計算式の答えを変数《へんすう》にすることもできます。変数を使って、答えを表示《ひょうじ》してみましょう。

10行

CLS《クリアスクリーン》で、プログラムを実行したときに、画面の表示が消えるようにします。

```
10 CLS
```

20行・30行

＝《イコール》を使って、X《エックス》に10をおぼえさせます。
同じように、Y《ワイ》に20をおぼえさせます。

```
10 CLS
20 X=10
30 Y=20
```

40行

＝で、Z《ゼット》にX＋Yの結果《けっか》をおぼえさせます。それぞれの行でENTER《エンター》をおせば、XとYとZが、それぞれ数をおぼえます。

```
10 CLS
20 X=10
30 Y=20
40 Z=X+Y
```

50行

？《プリント》で、Xにおぼえさせた数を画面に表示させます。

？で文字列を表示させるときには“　”《ダブルクウォート》のなかに文字列を入力しますが、変数の数を表示させるときには“ ”はいりません。？は、Xがおぼえている数を画面に表示させます。

```
10 CLS
20 X=10
30 Y=20
40 Z=X+Y
50 ? X
```

60行

？で、Yにおぼえさせた数を画面に表示させます。

```
10 CLS
20 X=10
30 Y = 20
40 Z=X+Y
50 ? X
60 ? Y
```

70行

？で、Ｚにおぼえさせた計算の結果を画面に表示させます。

RUN《ラン》①でプログラムを実行してみましょう。ＸとＹとＺがそれぞれおぼえた数が、画面に表示されます。

```
10 CLS
20 X=10
30 Y=20
40 Z=X+Y
50 ? X
60 ? Y
70 ? Z
```

STEP7 分かりやすく表示しよう

それぞれの文字がおぼえている数を分かるようにします。LIST《リスト》②でプログラムを画面に表示して、改造《かいぞう》してみましょう。

50行、60行、70行に、それぞれ「Ｘ＝」、「Ｙ＝」、「Ｚ＝」という文字列を表示して、それぞれの変数が分かるようにします。

文字列とならべて数を画面に表示するには；《セミコロン》を使います。それぞれの行で ENTER をおしておぼえさせることを忘れないようにしましょう。

RUN でプログラムを実行してみます。

```
LIST
10 CLS
20 X=10
30 Y=20
40 Z=X+Y
50 ? "X=";X
60 ? "Y=";Y
70 ? "Z=";Z
```

右の図のように、それぞれの変数が分かりやすくなりました。

```
X=10
Y=20
Z=30
OK
```

06 変数を使おう

① F5《エフ》をおすか、RUN と入力して ENTER をおします。
② F4 をおすか、LIST と入力して ENTER をおします。

07

宇《う》宙《ちゅう》人《じん》がやってくる！

TRY!

変数《へんすう》を使って、宇宙人《うちゅうじん》が空からやってくるプログラムを作ります

位置《いち》をあやつるLOCATE《ロケイト》と、数を変《か》えられる変数《へんすう》、GOTO《ゴートゥー》を組み合わせて、上から宇宙人《うちゅうじん》がおりてくるプログラムを作ります。

STEP1　宇宙人が上からおりてくるようにしよう

宇宙人は文字や記号を使って表します。

宇宙人が上からまっすぐおりてくるようにするには、左からの位置を変えないまま、上からの位置を大きくしていきます。宇宙人の左からの位置をX《エックス》、上からの位置をY《ワイ》とします。

10行・20行

10行で、左からの位置であるXを、画面のだいたいまんなかになる15にします。上からの位置は、はじめは0にします。一番上からおりてくるようにするためです。20行で、プログラムを実行したら画面の表《ひょう》示《じ》が消えるようにします。

```
10 X=15:Y=0
20 CLS
```

30行

宇宙人を<Y>とします。LOCATEと?《プリント》で、左からX、上からYの位置に表示します。表示する時間は、WAIT《ウェイト》30にします。

```
10 X=15:Y=0
20 CLS
30 LC X,Y:?"<Y>":WAIT 30
```

40行

40 行を Y ＝ Y ＋ 1 とします。これによって 40 行で Y が 1 大きくなります。

```
10 X=15:Y=0
20 CLS
30 LC X,Y:?"<Y>":WAIT 30
40 Y=Y+1
```

50行

20 行へもどして、くり返させます。

40 行で Y が 1 大きくなるので、50 行まできたら、20 行にもどるをくり返すと、Y がだんだん大きくなり、宇宙人が、だんだん下におりてきます。実行してみましょう。

```
10 X=15:Y=0
20 CLS
30 LC X,Y:?"<Y>":WAIT 30
40 Y=Y+1
50 GOTO 20
```

STEP2 ななめにやってくる動きにしよう

ESC《エスケープ》①でプログラムを終わらせてから、LIST《リスト》②でプログラムを表示して、どこを改《かい》造《ぞう》すればななめに動くようになるか、考えてみましょう。

動きを作っているのは 40 行です。プログラムがくり返されるたびに、上からの位置である Y は 1 ずつ大きくなります。同時に、横からの位置である X も大きくすれば、宇宙人はななめに動きます。

```
10 X=15:Y=0
20 CLS
30 LC X,Y:?"<Y>":WAIT 30
40 Y=Y+1
50 GOTO 20
```

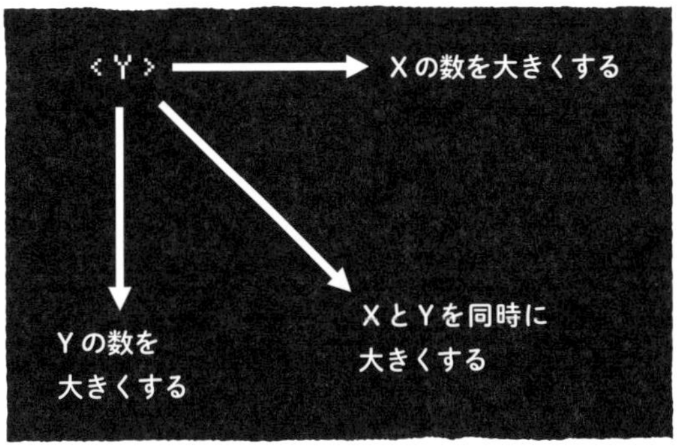

① キーボードの左上にある ESC をおすと、実行しているプログラムを止められます。
② F4《エフ》をおすか、LIST と入力して ENTER《エンター》をおします。

40行でY《ワイ》だけでなく、X《エックス》も大きくなるようにします。

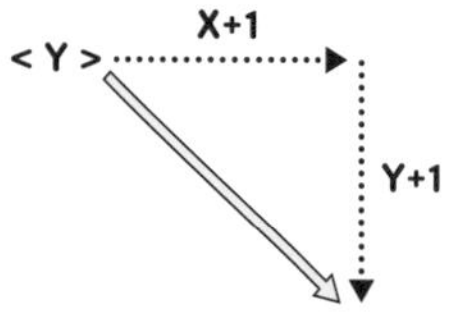

右に +1、下に +1 で右下に進みます。

```
10 X=15:Y=0
20 CLS
30 LC X,Y:?"<Y>":WAIT 30
40 X=X+1:Y=Y+1
50 GOTO 20
```

実行してみましょう。宇《う》宙人《ちゅうじん》が右下に動きます。

STEP3

はやさを変《か》えよう

30行のWAIT《ウェイト》の数は宇宙人が画面に表《ひょう》示《じ》されている時間で、40行でXとYに足す数は、プログラムがくり返されるたびに大きくなる数です。たとえば、40行で、Yが2つずつ大きくなるように変《か》えると、動き方はどう変わるでしょうか。

実行してみましょう。

```
10 X=15:Y=0
20 CLS
30 LC X,Y:?"<Y>":WAIT 30
40 X=X+1:Y=Y+2
50 GOTO 20
```

STEP4

画面の下まできたら終わりにさせよう

Ichigo《イチゴ》Jam《ジャム》の画面の高さは0から23です。上から22の位《い》置《ち》にきたら、END《エンド》コマンドでプログラムを終わりにさせましょう。ENDは「終わり」という意味の英《えい》語《ご》です。

50行でくり返しをさせる前に終わらせます。

40行

宇宙人が、まっすぐおりてくるようにするため、40行でXにはなにも足されないようにします。

```
40 X=X+0:Y=Y+1
```

45 行

45 行を追加《ついか》し、プログラムを終わらせる判定《はんてい》を IF《イフ》 で作ります。

```
45 IF Y>21 THEN END
```

＞は、A ＞ B のとき、A が B よりも大きいことを表します。P.39 でくわしく説明《せつめい》します。

上からの位置 Y が 21 より大きければ（つまり 22 になったら）、END で、プログラムを終わりにします。

THEN《ゼン》 は「そのとき」という意味の英語で、IF の後の条件《じょうけん》を満《み》たしているとき、なにをするかの指示《しじ》です。

LIST《リスト》① でプログラム全体を確認《かくにん》して、RUN《ラン》② で実行しましょう。

OK《オーケー》 と表示されたら、END コマンドでプログラムが終わっています。

```
10 X=15:Y=0
20 CLS
30 LC X,Y:?"<Y>":WAIT 30
40 X=X+0:Y=Y+1
45 IF Y>21 THEN END
50 GOTO 20
OK
```

STEP5 「Y ＝ Y ＋ 1」の意味を考えよう

40 行の Y ＝ Y ＋ 1 はおかしな式です。算数や数学では＝《イコール》は「等しい」という意味です。

ですが、Y ＝ Y ＋ 1 は、右の方が足した 1 だけ大きいので、＝は使えないはずです。

プログラミングで使う記号は、算数や数学とはちがう使い方をすることがあります。40 行の Y ＝ Y ＋ 1 は、「30 行の Y に 1 を足して、40 行の Y としておぼえ直す」という意味で、計算式ではなく、命令《めいれい》なのです。

40 行で、30 行の Y に 1 を足した後、50 行から 20 行に進んでプログラムがくり返されます。

プログラムがくり返されて 40 行に来るたびに、Y に 1 が足されるので <Y> が下に動きます。

① F4《エフ》 をおすか、LIST と入力して ENTER《エンター》 をおします。

② F5 をおすか、RUN と入力して ENTER をおします。

08

宇《う》宙《ちゅう》人《じん》がたくさんやってきた！

TRY! プログラムを改《かい》造《ぞう》して、宇《う》宙《ちゅう》人《じん》の数をふやします

STEP1 宇《う》宙《ちゅう》人《じん》をふやそう

前のページまでで作ったプログラムに、< Y >（ワイ星人《せいじん》）のほかに、< X >（エックス星人）と < Z >（ゼット星人）をふやしましょう。30 行で < Y >を表示《ひょうじ》した後に、31 行と 32 行を追加《ついか》します。

```
10 X=15:Y=0
20 CLS
30 LC X,Y:?"<Y>":WAIT 30
40 X=X+0:Y=Y+1
45 IF Y>21 THEN END
50 GOTO 20
```

31 行・32 行

< X >が < Y >より左に 10、< Z >が < Y >より右に 10 の位置《いち》にします。

```
31 LC X-10,Y:?"<X>"
32 LC X+10,Y:?"<Z>"
```

<Y> の左からの位置は 15 です。10 行と 30 行で決めました。

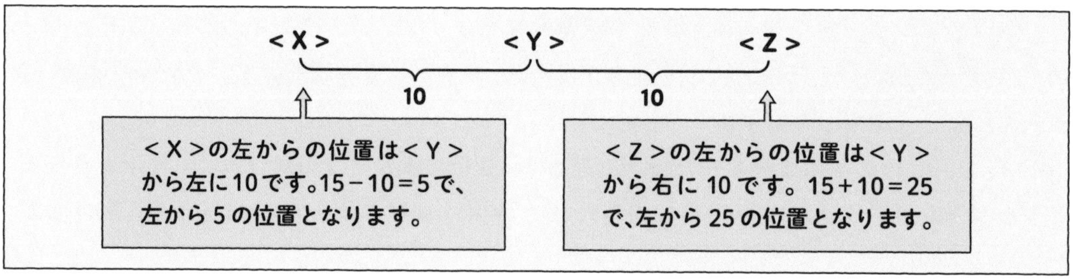

① F4《エフ》をおすか、LIST《リスト》と入力して ENTER《エンター》をおします。

LIST《リスト》①を実行してプログラムを表示すると右のようになります。実行してみましょう。

```
10 X=15:Y=0
20 CLS
30 LC X,Y:?"<Y>":WAIT 30
31 LC X-10,Y:?"<X>"
32 LC X+10,Y:?"<Z>"
40 X=X+0:Y=Y+1
45 IF Y>21 THEN END
50 GOTO 20
```

＜ X ＞と＜ Z ＞がすばやく点滅《てんめつ》しています。

機械《きかい》によっては＜ X ＞と＜ Z ＞がよく見えないかもしれません。どうしてでしょう？

STEP2 3 星人の動きのタイミングを合わせよう

```
30 LC X,Y:?"<Y>":WAIT 30
31 LC X-10,Y:?"<X>"
32 LC X+10,Y:?"<Z>"
```

30 行にだけ WAIT《ウェイト》 があります。31 行の＜ X ＞と 32 行の＜ Z ＞には、画面に表示されている時間が設定《せってい》されていません。

```
30 LC X,Y:?"<Y>"
31 LC X-10,Y:?"<X>"
32 LC X+10,Y:?"<Z>":WAIT 30
```

30 行にだけ WAIT 30②があるので、＜ Y ＞が表示される時間だけ長くなります。

＜ X ＞＜ Y ＞＜ Z ＞を同じタイミングで画面に表示するために、WAIT 30 を＜ X ＞＜ Y ＞＜ Z ＞が表示された後につけます。

できたら RUN《ラン》③で実行しましょう。

② WAIT 60 で 1 秒待つので、WAIT 30 だと 0.5 秒待ちます。わずかな時間ですが、IchigoJam《イチゴジャム》 はすごいスピードで処理《しょり》を行うので、0.5 秒待つだけで見え方が変《か》わります。

③ F5 をおすか、RUN と入力して ENTER をおします。

STEP3 おりてくるときにLED《エルイーディー》を光らせよう

宇宙人《うちゅうじん》があらわれたときにLED《エルイーディー》を光らせます。30行で、＜Y＞が表《ひょう》示《じ》されたときにLEDが光るように、LED 1と入力して、実行してみましょう。

```
10 X=15:Y=0
20 CLS
30 LC X,Y:?"<Y>":LED 1
31 LC X-10,Y:?"<X>"
32 LC X+10,Y:?"<Z>":WAIT 30
40 X=X+0:Y=Y+1
45 IF Y>21 THEN END
50 GOTO 20
```

STEP4 おりてくるときに音を出そう

BEEP《ビープ》で音を出します。

40行にBEEPと入力してみます。ほかの行でもためしてみましょう。

```
10 X=15:Y=0
20 CLS
30 LC X,Y:?"<Y>":LED 1
31 LC X-10,Y:?"<X>"
32 LC X+10,Y:?"<Z>":WAIT 30
40 X=X+0:Y=Y+1:BEEP
45 IF Y>21 THEN END
50 GOTO 20
```

STEP5 下まできたらLEDを消して終わらせよう

上からの位置《いち》の変数《へんすう》Y《ワイ》が22になったら、LEDを消してプログラムを終わりにします。

45行で、IF《イフ》で上からの位置であるYが22になったことを判断《はんだん》させます。

```
10 X=15:Y=0
20 CLS
30 LC X,Y:?"<Y>":LED 1
31 LC X-10,Y:?"<X>"
32 LC X+10,Y:?"<Z>":WAIT 30
40 X=X+0:Y=Y+1:BEEP
45 IF Y>21 THEN LED 0:END
50 GOTO 20
```

Yが21より大きくなったら、THEN《ゼン》の後のプログラムを実行するので、THENの後はLED 0とEND《エンド》です。Yが21になるまでは、このプログラムは実行されずに、50行へ進みます。できたらRUN《ラン》①で実行しましょう。

THENは省略《しょうりゃく》することができ、右の図では省略しています。

```
10 X=15:Y=0
20 CLS
30 LC X,Y:?"<Y>":LED 1
31 LC X-10,Y:?"<X>"
32 LC X+10,Y:?"<Z>":WAIT 30
40 X=X+0:Y=Y+1:BEEP
45 IF Y>21 LED 0:END
50 GOTO 20
```

STEP6 くり返しを変《か》えてみよう

できあがったプログラムでは、50行のGOTO《ゴートゥー》で20行にもどってくり返しています。30行にもどるようにしたらどうなるでしょうか。

20行のCLS《クリアスクリーン》を実行せずに、30行に進むということです。予想してから実行してみましょう。

```
LIST
10 X=15:Y=0
20 CLS
30 LC X,Y:?"<Y>":LED 1
31 LC X-10,Y:?"<X>"
32 LC X+10,Y:?"<Z>":WAIT 30
40 X=X+0:Y=Y+1:BEEP
45 IF Y>21 LED 0:END
50 GOTO 30
```

① F5《エフ》をおすか、RUNと入力してENTER《エンター》をおします。

09

計算ゲームを作ろう

TRY!

計算記号を使ってゲームを作ります

足し算やかけ算をして、答えが10ぴったりの数になるように、1から9までの数をキーボードから入力するゲームを作ります。プログラミングでは、算数や数学とはちがう記号を使うものがあるので気をつけましょう。INPUT《インプット》コマンドを使うと、キーボードでおした数を文字におぼえさせることができます。

（A《エー》＋B《ビー》）÷C《シー》×D《ディー》－E《イー》という式のＡＢＣＤＥに、それぞれキーボードから数を入力して計算をさせます。

(A＋B)÷C×D－E＝10

10行　20行　30行　40行　50行

INPUTでキーボードから数を入力できるようにします

STEP1

数を入力できるようにしよう

1行

プログラムを実行したら、画面の表《ひょう》示《じ》が消えるように1行にCLS《クリアスクリーン》をおきます。

```
1 CLS
```

5行

式を表示させます。この式を見ながら、計算の結《けっ》果《か》が10になるように入力する数を考えます。Ichigo《イチゴ》Jam《ジャム》では、割《わ》り算の記号は／《スラッシュ》、かけ算の記号は ＊《アスタリスク》 を使います。

```
5 ? "(A+B)/C*D-E=10"
```

10行

INPUTで、1つ目の数Aをキーボードから入力できるようにします。INPUTは“ ”《ダブルクウォート》のなかの文字列を表示するので「1. A =」と入力します。これで画面に「1. A =」と表示されます。

```
10 INPUT "1.A="
```

さらにINPUTは「,《カンマ》」の後の文字にキーボードから入力した数をおぼえさせるので「,」のうしろをAとします。

これで、おされたキーの数をAという文字におぼえさせることができます。

```
10 INPUT "1.A=",A
```

実行すると、右のように表示されます。キーボードから数字を入力すれば、Aがその数をおぼえます。数字を入力してみたら、ENTER《エンター》をおしましょう。

```
(A+B)/C*D-E=10
1.A=■
```

20行

LIST《リスト》①で10行までのプログラムを表示させましょう。次に、Aに足す数のBを聞いてくるようにします。“ ”のなかに「2. B =」を入力します。

```
1 CLS
5 ? "(A+B)/C*D-E=10"
10 INPUT "1.A=",A
20 INPUT "2.B=",B
```

30行

INPUTがA + Bを割る数のCを聞いてくるようにします。“ ”のなかに「3. C =」を入力します。

```
1 CLS
5 ? "(A+B)/C*D-E=10"
10 INPUT "1.A=",A
20 INPUT "2.B=",B
30 INPUT "3.C=",C
```


① F4《エフ》をおすか、LISTと入力してENTER《エンター》をおします。

40行

かける数のD《ディー》を聞いてくるようにします。
4つ目の数です。

50行

最後《さいご》に引く数のE《イー》を聞いてくるようにします。
5つ目の数です。

```
1 CLS
5 ? "(A+B)/C*D-E=10"
10 INPUT "1.A=",A
20 INPUT "2.B=",B
30 INPUT "3.C=",C
40 INPUT "4.D=",D
50 INPUT "5.E=",E
```

STEP2 判定《はんてい》させよう

60行

X《エックス》に（A《エー》＋B《ビー》）／C《シー》＊D－Eの答えをおぼえさせます。このXを使って、計算の結果《けっか》が10になったかどうかを判定《はんてい》させます。

```
60 X=(A+B)/C*D-E
```

100行・110行・120行

```
100 IF X=10 THEN ? "EQUAL":END
110 IF X>10 THEN ? "OVER 10"
120 IF X<10 THEN ? "UNDER 10"
```

100行で、Xが10ならば、EQUAL《イコール》と表示《ひょうじ》させます。EQUALとは「等しい」という意味の英語《えいご》です。さらに、END《エンド》コマンドを使って、表示したらプログラムを終わりにさせます。

110行で、Xが10より大きいときには、10より大きいという意味のOVER《オーバー》10を表示させます。

120行で、Xが10より小さいときには、10より小さいという意味のUNDER《アンダー》10を表示させます。

STEP3 やり直しができるようにしよう

130行

計算の結果が 10 にならずに 110 行と 120 行へ進んだら、130 行で、入力し直したい数のところへもどれるようにします。

```
100 IF X=10 THEN ? "EQUAL":END
110 IF X>10 THEN ? "OVER 10"
120 IF X<10 THEN ? "UNDER 10"
130 INPUT "R=",R:Y=R*10
```

INPUT《インプット》で R《アール》に、もどりたい数の順番《じゅんばん》をおぼえさせます。1 つ目の数 A にもどりたいのであれば 1、B なら 2、C なら 3、D なら 4、E なら 5 を入力します。それぞれの行番号を Y《ワイ》とします。行番号は数の順番の 10 倍なので、R を 10 倍します。

```
10 INPUT "1.A=",A
20 INPUT "2.B=",B
30 INPUT "3.C=",C
40 INPUT "4.D=",D
50 INPUT "5.E=",E
```

140行

130 行で R を 10 倍した数を Y としました。140 行で Y の数の行へもどれるようにします。

```
140 GOTO Y
```

LIST《リスト》①でプログラム全体を表示させましょう。下のようになります。

```
1 CLS
5 ? "(A+B)/C*D-E=10"
10 INPUT "1.A=",A
20 INPUT "2.B=",B
30 INPUT "3.C=",C
40 INPUT "4.D=",D
50 INPUT "5.E=",E
60 X=(A+B)/C*D-E
100 IF X=10 THEN ? "EQUAL":END
110 IF X>10 THEN ? "OVER 10"
120 IF X<10 THEN ? "UNDER 10"
130 INPUT "R=",R:Y=R*10
140 GOTO Y
```

① F4《エフ》をおすか、LIST と入力して ENTER《エンター》をおします。

STEP4

実行しよう

RUN《ラン》①で実行すると式が表示《ひょうじ》され、A《エー》から順《じゅん》にキーボードで入力する数を聞いてくるので、数を入力します。入力したら ENTER《エンター》 をおします。計算をしながらE《イー》までの5つの数を入力します。

```
(A+B)/C*D-E=10
1.A=█
```

／《スラッシュ》の記号はあまりを出さない割《わ》り算の答えが返されます。右の図では（4 + 3）／2で7 ÷ 2 = 3となります。

```
(A+B)/C*D-E=10
1.A=4
2.B=3
3.C=2
4.D=█
```

右の図では、答えが10より小さい答えになっています。

```
(A+B)/C*D-E=10
1.A=4
2.B=3
3.C=2
4.D=1
5.E=9
UNDER 10
R=█
```

10より大きくしたいので、今回は4つ目の数のD《ディー》を入力し直してみます。R《アール》に4を入力して、ENTER《エンター》 をおします。これで4つ目のDから入力し直すことができます。

```
(A+B)/C*D-E=10
1.A=4
2.B=3
3.C=2
4.D=1
5.E=9
UNDER 10
R=4
4.D=█
```

C《シー》で割って3が返されているところなので、4をかけて、最後《さいご》にE《イー》を2にして引きます。10になったので、EQUAL《イコール》が表示されてゲーム終了《しゅうりょう》です。

```
R=4
4.D=4
5.E=2
EQUAL
OK█
```

① F5《エフ》 をおすか、RUNと入力して ENTER をおします。

STEP5 1から9までの数しか入力できないようにしよう

このプログラムでは、0や10以上の数も入力できてしまうので、1から9までの数だけ入力できるように変《か》えます。A、B《ビー》、C、D、Eが1より小さいときと、9より大きいときには、次のプログラムに進めないようにします。「1より小さい」か、「9より大きい」の、どちらかが成《な》り立てばよいので、英語《えいご》で「または」という意味のOR《オア》を使います。どちらか1つでも成り立てば、THEN《ゼン》の後の指示《しじ》を実行します。

15行を作ったら、行番号と文字を変《か》えて、25行、35行、45行、55行を作りましょう。

```
15 IF A<1 OR A>9 THEN GOTO 10
25 IF B<1 OR B>9 THEN GOTO 20
35 IF C<1 OR C>9 THEN GOTO 30
45 IF D<1 OR D>9 THEN GOTO 40
55 IF E<1 OR E>9 THEN GOTO 50
```

これで0や10以上《いじょう》の数を入力すると、入力し直しが必要《ひつよう》になります。

STEP6 等号《とうごう》と不等号《ふとうごう》のちがいを知ろう

算数や数学のように、プログラミングでも、等号《とうごう》と不等号《ふとうごう》を使います。等号と不等号は、数の関係《かんけい》を調べるときに使います。プログラミングでは、算数や数学で使うものとちがう形のものも使うので、気をつけましょう。プログラミングをしながらおぼえていきますので、ここでおぼえる必要はありません。

	等しい	等しくない	AはBより大きい	AはBより小さい	AはB以上《いじょう》	AはB以下《いか》
算数・数学	=	≠	A > B	A < B	A ≧ B	A ≦ B
Ichigo《イチゴ》Jam《ジャム》 BASIC《ベーシック》	= か ==	!= か <>	A > B	A < B	A >= B	A <= B

10

バッティングゲームを作ろう

TRY!

ボールの位置《いち》を変数《へんすう》にして、バッティングゲームを作ります

バッティングゲームを作ります。ボールの位置《いち》を変数《へんすう》であやつり、バッターのいる高さまでボールがおりてきたら、プレイヤーがボタンをおし、タイミングが合っていればヒットにするゲームです。

STEP1

ゲームのわくぐみを決めよう

① バッターを画面に表示《ひょうじ》させます。バッターの位置は固定《こてい》します。

② ボールを画面に表示させます。ボールは画面の上から、画面の下まで動きます。上から下に動くので、ボールの上からの位置を変数とします。変数が大きくなるごとに、ボールが上から下に移動《いどう》していきます。

③ ボタンをおすと、バットをふったことにします。ボタンをおしたときに、ボールがバッターの真横にあれば、「ヒット」と判定《はんてい》します。真横にあるというのは、バッターとボールの上からの位置が同じときです。

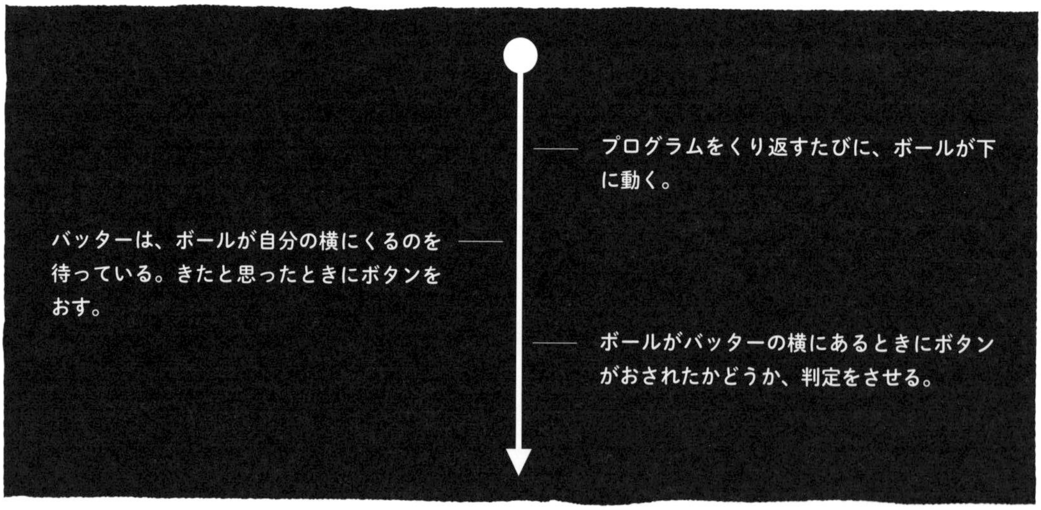

STEP2 プログラムを設計《せっけい》しよう

どうプログラムを書けば、ゲームができあがるのか、考えてみましょう。

ボールの上からの位置を変数Y《ワイ》とする。

画面に表示されるボールは1個《こ》だけ。
プログラムをくり返すたびに画面の表示を消して、
動いたボールだけが表示される。

バッターの位置を決めて表示する。バッターは記号の！とする。

ボールを表示する。ボールはO《オー》とする。ボールの左からの位置は、
バッターの右横（バッターの位置＋1）で、上からの位置は変数。

ボタンがおされていたら判定へ進む。

ボールの上からの位置Yと、
バッターの上からの位置が
同じかどうか判定する。

同じなら「HIT《ヒット》」を表示する。

ゲームを終わらせる。

ボタンがおされていなければそのまま進む。

プログラムをくり返すたびに
変数Yに1を足す。
これによってボールが下に動く。

ボールを画面に表示する時間を決める。
(WAIT《ウェイト》 6)

ボタンがおされるまでくり返す。

STEP3

プログラムを作ろう

文字のO《オー》をボールとします。プログラムがくり返されると、ボールのOは、バッターの右どなりを下に移動《いどう》してきます。

バッターは記号の！とします。バッターは、ボールが右横にくるのを待ちます。ちょうど右横にきたときに、ボタンをおします。IchigoJam《イチゴジャム》 web《ウェブ》 や ap《エービー》 では、画面の上でクリックすると、ボタンをおしたことになります。

10行

ボールの上からの位置《いち》を変数《へんすう》Y《ワイ》とします。ボールは、一番上からくることにするので、はじめの位置は0です。

```
10 Y=0
```

20行

ボールを表示《ひょうじ》する前に、CLS《クリアスクリーン》で画面の表示を消します。ボタンをおすまでの間、プログラムがくり返されるたびに、一度画面が消えます。20行にもどってプログラムをくり返すことで、動いた後のボールが1つだけ表示されます。

```
10 Y=0
20 CLS
```

30行

LC《ロケイト》でバッターを表示する位置を決めて、?《プリント》でバッターにする記号の！を表示します。左から14、上から15の位置にしました。

！は、SHIFT《シフト》をおしながら、数字の1のキーをおすと入力できます。

```
30 LC 14,15:? " !"
```

40行

バッターが左から14の位置にいるので、ボールにするOは、左から15の位置に表示します。

上からの位置である変数のYは、10行で0（画面の一番上）から動き出すようにしました。ボールにするOを“　”《ダブルクウォート》のなかに入力して、？で表示させます。

```
10 Y=0
20 CLS
30 LC 14,15:? "!"
40 LC 15,Y:? "O"
```

50行

ここで、IF《イフ》を使って判断《はんだん》をさせます。もしボタンがおされたら、BTN《ボタン》は1を返してくるので、そのときは、90行に進ませます。右の図ではTHEN《ゼン》を省略《しょうりゃく》しています。90行では、ボールにヒットしたかどうか判定《はんてい》します。ボタンがおされていなければ次の60行に進みます。

```
10 Y=0
20 CLS
30 LC 14,15:? "!"
40 LC 15,Y:? "O"
50 IF BTN()=1 GOTO 90
```

60行

プログラムがくり返されて60行にくるたびに、変数Yが1ふえます。40行で、Yはボールの上からの位置の変数としたので、Yが大きくなるとボールは下に移動します。

```
60 Y=Y+1
70 WAIT 6
```

70行

ボールが表示されている時間を設定《せってい》します。この数を大きくすれば、ボールが下に移動するスピードがおそくなります。小さくすれば、ボールははやくなります。

80行

20 行にもどらせてくり返しをさせます。20 行の CLS《クリアスクリーン》でボールが消えて、60 行でボールの上からの位置《いち》の数が 1 ふえて、ボールが 1 だけ下に動きます。

30 行にもどすと、直前のボールの表示《ひょうじ》が消えないので、ボールがどんどん下に追加《ついか》されていく見え方になります。

```
10 Y=0
20 CLS
30 LC 14,15:? "!"
40 LC 15,Y:? "O"
50 IF BTN()=1 GOTO 90
60 Y=Y+1
70 WAIT 6
80 GOTO 20
90 IF Y=15 ? "HIT"
```

90行

ボタンをおすと、50 行の IF《イフ》による判断《はんだん》で、90 行へ進みます。60 ～ 80 行をとびこえるので、ボールが下に動かなくなります。

90 行でヒットしたかどうかの判定《はんてい》をさせます。ボールの上からの位置である変数《へんすう》Y《ワイ》が、バッターと同じ 15 の位置であるかどうか、チェックします。

もしYが 15 であったら、?《プリント》で、「HIT《ヒット》」という文字を画面に表示させます。

文字は“ ”《ダブルクウォート》のなかにいれます。文字を画面に表示したら、次に進むプログラムがないので、終わりになります。それ以外《いがい》の、Y が 15 でない場合にも、次に進むプログラムがないので終わりになります。もう一度ゲームをするときには、RUN《ラン》①でプログラムを実行します。ここまでできたら実行しましょう。

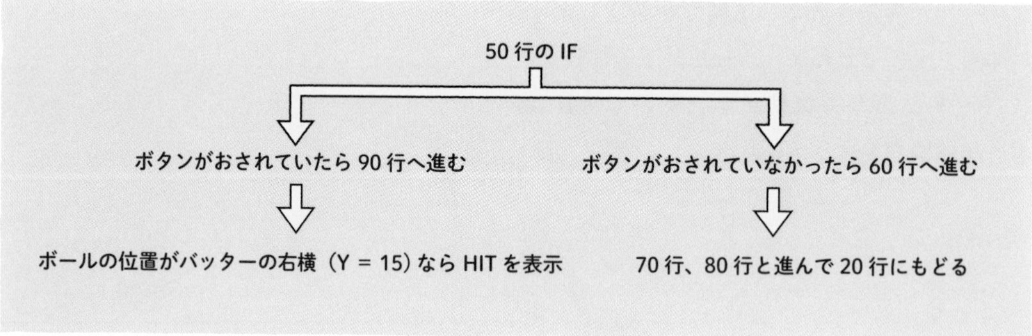

① F5《エフ》をおすか、RUN と入力して ENTER《エンター》をおします。

45 行

ボタンをおさずに「見のがし」をしたときにも、ゲームが終わるようにします。ボタンをおさずに 80 行から 20 行にもどることをくり返すと、ボールのO《オー》はどんどん下に移動《いどう》します。

Yが 23 より大きくなったら、END《エンド》でプログラムを終わらせます。

ここで実行してみましょう。

```
45 IF Y>23 END
```

```
10 Y=0
20 CLS
30 LC 14,15:? "!"
40 LC 15,Y:? "O"
45 IF Y>23 END
50 IF BTN()=1 GOTO 90
60 Y=Y+1
70 WAIT 6
80 GOTO 20
90 IF Y=15 ? "HIT"
```

これで、バッティングゲームの完成《かんせい》です。

バッティングゲームを改《かい》造《ぞう》しよう

TRY! 変《へん》数《すう》を変《か》えてバッティングゲームを改《かい》造《ぞう》します

TRY! やってみよう！

バッティングゲームを改造《かいぞう》してみましょう。

```
10 Y=0
20 CLS
30 LC 14,15:? "!"
40 LC 15,Y:? "O"
45 IF Y>23 END
50 IF BTN()=1 GOTO 90
60 Y=Y+1
70 WAIT 6
80 GOTO 20
90 IF Y=15 ? "HIT"
```

① ボールO《オー》のはやさを変えましょう。

② ボタンをカーソルキーの[→]にしましょう。BTN《ボタン》（29）と入力すると、[→]をおすと、ボタンをおしたことになります。

③ ボールの動きが画面にのこるようにしましょう。

④ ボールが左から右に動くゲームに変えましょう。

TRY! 答え

① 次の２つの方《ほう》法《ほう》で、ボールのOのはやさを変えられます。
　① 70 行の WAIT《ウェイト》 の数を変える。
　② 60 行で上からの位《い》置《ち》Y《ワイ》に足す数を変える。ただし、足す数によってはボールがバッターの真横にこなくなります。

```
10 Y=0
20 CLS
30 LC 14,15:? "!"
40 LC 15,Y:? "O"
45 IF Y>23 END
50 IF BTN()=1 GOTO 90
60 Y=Y+3
70 WAIT 3
80 GOTO 20
90 IF Y=15 ? "HIT"
```

IchigoJam《イチゴジャム》 web《ウェブ》 や ap《エーピー》 なら、画面の上でクリックすると、ボタンをおしたことになります。

② 50行のBTNの（ ）のなかに29を入力します。すると、ボタンをおしたり、クリックをするかわりに、→をおすと、ボタンをおしたことになり、90行に進みます。

```
10 Y=0
20 CLS
30 LC 14,15:? "!"
40 LC 15,Y:? "O"
45 IF Y>23 END
50 IF BTN(29)=1 GOTO 90
60 Y=Y+1
70 WAIT 3
80 GOTO 20
90 IF Y=15 ? "HIT"
```

③ 80行のGOTO《ゴートゥー》で30行にもどらせます。20行のCLS《クリアスクリーン》にはもどらないので、画面の表示《ひょうじ》が消えなくなり、ボールの動きが画面にのこるようになります。

```
10 Y=0
20 CLS
30 LC 14,15:? "!"
40 LC 15,Y:? "O"
45 IF Y>23 END
50 IF BTN(29)=1 GOTO 90
60 Y=Y+1
70 WAIT 3
80 GOTO 30
90 IF Y=15 ? "HIT"
```

④ ボールの左からの位置を変数《へんすう》X《エックス》にします。
ボールがバッターの位置の上を動くように40行では、上からの位置を14とします。画面の右はしの位置は31なので、45行でXが31よりも大きくなったら、ゲームを終わりにします。
90行の判定《はんてい》で、ボタンをおしたときに、ボールがバッターの真上の14にあれば、ヒットしたことにします。

```
10 X=0
20 CLS
30 LC 14,15:? "!"
40 LC X,14:?"O"
45 IF X>31 END
50 IF BTN(29)=1 GOTO 90
60 X=X+1
70 WAIT 3
80 GOTO 20
90 IF X=14 ?"HIT"
```

12

サイコロを作ろう

TRY!

でたらめに数字があらわれるサイコロを作ります

STEP1

いろいろな数字を出すコマンドを使おう

RND《ランダム》コマンドは、サイコロのようです。でたらめにいろいろな数字を返してきます。RNDは「でたらめに」という意味の英語《えいご》のRANDOM《ランダム》の略《りゃく》です。たとえば、音楽再生《さいせい》プレーヤーで、曲を1から順番《じゅんばん》ではなく、バラバラの順に再生することを、ランダム再生といいます。

右のプログラムを入力して、RUN《ラン》①で実行してみましょう。

```
10 ? RND(6)
```

```
10 ? RND(6)
RUN
1
OK
```

?《プリント》で、RNDが返す数字を画面に表示《ひょうじ》させています。プログラムを実行すると、0、1、2、3、4、5の、6個《こ》のなかのどれか1つの数字をランダムに返してきます。

RND()の、かっこのなかの数字によって、0から何個めまでの数字のなかから、数字を返すのかを決めます。

サイコロとちがうのは0があるところです。RND(3)だと、0から数えて、3個目までの数字（つまり0、1、2）の3個の数字のうち、どれかをランダムに返します。

TRY!

やってみよう！

① 1から6までの数字をランダムに表示させましょう。
② 10から20までの数字をランダムに表示させましょう。
③ RUN《ラン》でプログラムを何度も実行させるのではなく、3秒おきに、2から74までの数字が次つぎと表示されるプログラムを作りましょう。
④ ③で作ったプログラムで表示されるランダムな数字を、画面の中央《ちゅうおう》に表示させましょう。中央はここでは左から15、上から11とします。

① F5《エフ》をおすか、RUNと入力してENTER《エンター》をおします。

TRY!

答え

① RNDの（ ）のなかに数字を入力するだけでは0も表示されてしまいます。0から5までの数字が出るプログラムに1を足します。

```
10 ? RND(6)+1
```

0から5までの数	0	1	2	3	4	5
1から6までの数	1	2	3	4	5	6

② 10が一番小さい数字で20までなので、0から10までの数字が出るプログラムに、10を足します。

```
10 ? RND(11)+10
```

③ RND(73)が返してくる0から72までの数字に、2を足すと、2から74までのどれかの数字を返すようになります。次つぎに数字があらわれるように、GOTO《ゴートゥー》でくり返させます。30行のWAIT《ウェイト》で、数字が表示されてから3秒はそのまま待つようにします。

```
10 CLS
20 ? RND(73)+2
30 WAIT 180
40 GOTO 10
```

④ 画面の中央に表示するには、数字が表示される位置をLC《ロケイト》で指定します。左から15、上から11にしました。

```
10 CLS
20 LC 15,11:? RND(73)
+2
30 WAIT 180
40 GOTO 10
```

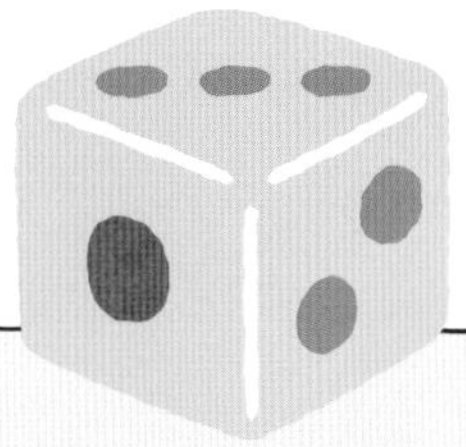

13

川くだりゲームを作ろう

TRY!

ランダムに表示《ひょうじ》される岩をよけて川をくだるゲームを作ります

川くだりをするゲームを作ります。画面に川が流れています。川にはランダムに岩がつき出ていて、その岩をよけながら、プレイヤーは川をくだっていきます。岩に当たってしまったらゲームオーバーです。

O《オー》が自分のカヌーです。左右のカーソルキー← →でカヌーを動かして、川のなかの岩をよけます。

この位置《いち》に岩がきたら、岩に当たったと判定《はんてい》します。

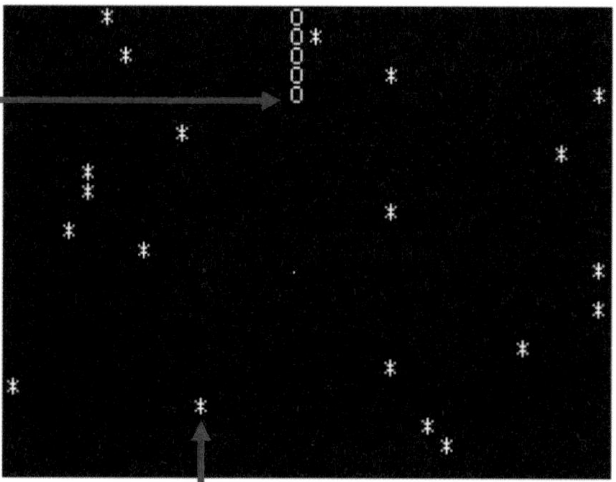

*《アスタリスク》が岩です。ランダムに表示《ひょうじ》されます。岩に当たったらゲームオーバーです。

カヌーの先頭の位置《いち》に岩があったら、カヌーと岩がぶつかったということで、プログラムを終了《しゅうりょう》させます。

STEP1 自分のカヌーを表示しよう

10行

実行したら、CLS《クリアスクリーン》で画面の表示が消えるようにします。X《エックス》は自分の左からの位置の変数《へんすう》で、はじめは 15 とします。

```
10 CLS:X=15
20 LC X,5:?"O"
```

20行

LC《ロケイト》で、自分のカヌーを表示する位置を決めます。

カヌーは左右に動かすので、左からの位置は変数 X とします。X は、10 行で 15 にしているので、はじめは左から 15 の位置にカヌーが表示されます。上からの位置は 5 とします。

この位置に ?《プリント》で、カヌーである O を表示します。

実行してみましょう。

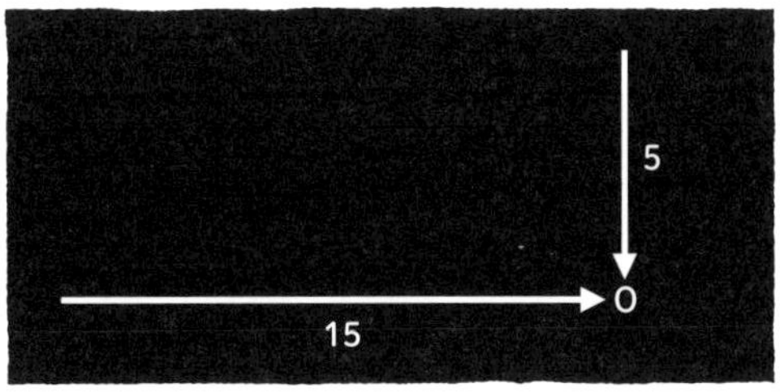

STEP2 ランダムに岩を表示しよう

30行

岩を表示する位置を LC で指定します。左からの位置が 1 から 30 までのどこかに表示されるようにしたいので、RND《ランダム》(30) +1 とします。上からの位置は画面の一番下の 23 にしたいので、23 とします。

岩は、＊であらわし、?《プリント》で表示します。

30 行を ENTER《エンター》 でおぼえさせたら、RUN《ラン》① で連続《れんぞく》して実行してみましょう。

カヌーの位置は同じまま、＊がいろいろなところに表示されます。

```
10 CLS:X=15
20 LC X,5:?"O"
30 LC RND(30)+1,23:?"*"
```

左からの位置はランダム

上から 23 の位置

上から 23 の位置にランダムに＊が表示される

① F5《エフ》をおすか、RUN と入力して ENTER をおします。

STEP3 くり返させよう

40行

40 行の GOTO《ゴートゥー》で、20 行にもどして、くり返させましょう。くり返すと、上から 23 の位《い》置《ち》の、いろいろなところに＊《アスタリスク》が表示《ひょうじ》されます。

```
10 CLS:X=15
20 LC X,5:?"O"
30 LC RND(30)+1,23:?"*"
40 GOTO 20
```

実行して確認《かくにん》しましょう。プログラムを止めるときには ESC《エスケープ》 をおします。

GOTO で 20 行ではなく、10 行にもどすとどうなるでしょうか。CLS《クリアスクリーン》がある 10 行にもどると、プログラムをくり返すたびに岩が消されて、上から 23 の位置に 1 つしか表示されません。

CLS で
画面の
表示が
消える

```
10 CLS:X=15
20 LC X,5:?"O"
30 LC RND(30)+1,23:?"*"
40 GOTO 10
```

GOTO 20 をくり返すと、画面全体が上にあがっていくのは、＊を上から 23 の位置に表示するたびに、改行《かいぎょう》して 1 行ずつ画面全体があがっていくからです。

同じように、O《オー》が上から 5 つならぶのは、プログラムをくり返して、次つぎと上から 5 の位置に表示させると、先に表示した O がだんだん上にあがっていくからです。

STEP4 スピードをおとそう

川の流れがはやすぎて、岩をよけられないので、川の流れをおそくします。

次の岩が表示されるまで、1 つの岩が画面に表示されている時間を WAIT《ウェイト》で設定《せってい》します。

35 行を作って、WAIT 5①を入力したら実行してみましょう。

```
10 CLS:X=15
20 LC X,5:?"O"
30 LC RND(30)+1,23:?"*"
35 WAIT 5
40 GOTO 20
```

35 行の数字を大きくすれば、1 つの岩が
表示される時間が長くなる。

① WAIT 60 で 1 秒なので、WAIT 5 で 12 分の 1 秒（約 0.08 秒）です。

STEP5 カヌーを左右に動かせるようにしよう

岩をよけるために、左右のカーソルキー← →で、カヌーを左右に動かせるようにします。

BTN《ボタン》コマンドは、ボタンをおすと1を返してきて、おしていなければ0を返してきます。ボタンをおすと返してくる1を使って、自分の左からの位置を示《しめ》す変数《へんすう》X《エックス》の数字を変《か》えて、左右に動かします。

10行でXを15としたので、最初《さいしょ》、カヌーは左から15の位置にいます。そこから左に動くためにはXを15より小さい数字にして、右に動くためには15より大きな数字にします。

15の位置から左に動く：	15より小さい数にする
15の位置から右に動く：	15より大きい数にする

←をおしたら左へ動くようにするために、←をおしたときにBTNが返してくる1を15から引きます。

→をおしたら右へ動くようにするために、→をおしたときにBTNが返してくる1を15に足します。

```
36 X=X-BTN(28)+BTN(29)
```

36行のプログラムを追加《ついか》します。

BTNの（ ）に28①を入力すれば、←をおしたときに1を返してきます。

BTNの（ ）に29②を入力すれば、→をおしたときに1を返してきます。

左カーソルの番号は28
右カーソルの番号は29

① BTN（LEFT）という書き方もできます。
② BTN（RIGHT）という書き方もできます。

36行

←をおしたときに、左へ動くようにするには、自分の左からの位置《いち》である変数《へんすう》X《エックス》から、←をおしたときに返してくる1を引きます。

→をおしたときに、右へ動くようにするには、変数Xに、→をおしたときに返してくる1を足します。これでカヌーを左右に動かせるようになります。

実行してみましょう。

```
10 CLS:X=15
20 LC X,5:?"O"
30 LC RND(30)+1,23:?"*"
35 WAIT 5
36 X=X-BTN(28)+BTN(29)
40 GOTO 20
```

STEP6 岩にぶつかったかを判断《はんだん》させよう

40行

40行を改造《かいぞう》して、岩とカヌーがぶつかったかの判断《はんだん》をさせます。ぶつかったらゲームオーバーなので、そうでないときだけ、くり返させます。

```
40 IF SCR(X,5)=0 GOTO 20
```

SCR《スクリーン》コマンドは指定した位置にある文字や記号の番号を返してきます。指定の位置になにもない場合には0を返してきます。この番号はキャラクターコードといいます。くわしくは、P.76「19 キャラクターを使おう」で説明《せつめい》します。

```
10 CLS:X=15
20 LC X,5:?"O"
30 LC RND(30)+1,23:?"*"
35 WAIT 5
36 X=X-BTN(28)+BTN(29)
40 IF SCR(X,5)=0 GOTO 20
```

左からX、上から5がカヌーの位置です。そこに岩がなくて、SCRが0を返してくるときには、カヌーと岩がぶつかっていないということです。ゲームをつづけるために20行へもどります。

36行で＊《アスタリスク》が表示《ひょうじ》されると、O《オー》は1行あがるので、SCRがカヌーのOのキャラクターコードを返してくることはありません。

カヌーと岩がぶつかっている場合、40行のSCRは＊のキャラクターコードを返してくるので、0にはなりません。すると20行にはもどらず、次の行にプログラムが進みます。次のプログラムがないので、ぶつかったらおわりです。

```
10 CLS:X=15
20 LC X,5:?"O"
30 LC RND(30)+1,23:?"*"
35 WAIT 5
36 X=X-BTN(28)+BTN(29)
40 IF SCR(X,5)=0 GOTO 20
```

川くだりゲームは、他の単元《たんげん》でも使用しますので、SAVE《セーブ》を使って、IchigoJam《イチゴジャム》におぼえさせておきましょう。SAVE 0から3までのなかで、使っていない番号に保存《ほぞん》しましょう。プログラムの最後《さいご》にSAVEと0から3の数字を入力して ENTER《エンター》 をおしましょう。Saved《セーブド》が表示されたら成功《せいこう》です。

```
10 CLS:X=15
20 LC X,5:?"O"
30 LC RND(30)+1,23:?"*"
35 WAIT 5
36 X=X-BTN(28)+BTN(29)
40 IF SCR(X,5)=0 GOTO 20
SAVE 0
Saved 112byte
```

IF《イフ》のはたらき

40行は下のように書くこともできます。

左からX、上から5の位置に文字や記号がなければSCRは0を返します。ＩＦ《イフ》は0を返されたら後のプログラムをとばして、次の50行のプログラムを実行するはたらきをします。

0ではない数が返されたときには40行の後半のプログラムを実行します。このＩＦのはたらきを使うと、プログラムを短くできることがあります。

```
40 IF SCR(X,5)=0 GOTO 20
```

⇩

```
40 IF SCR(X,5) END
50 GOTO 20
```

14

川くだりゲームを改《かい》造《ぞう》しよう

TRY!

川くだりゲームのむずかしさを変《か》えます

まずは、川くだりゲームのプログラム全体を復習《ふくしゅう》します。それぞれの数を変《か》えると、なにが変わるのか考えましょう。

```
10 CLS:X=15
20 LC X,5:?"O"
30 LC RND(30)+1,23:?"*"
35 WAIT 5
36 X=X-BTN(28)+BTN(29)
40 IF SCR(X,5)=0 GOTO 20
```

10行

X《エックス》は、カヌーの左からの位置《いち》で、はじめは 15。36 行で数を変化《へんか》させて、左右に動かします。

20行

カヌーをあらわすO《オー》を表示《ひょうじ》させます。上からの位置を 5 で固定《こてい》しています。プログラムをくり返して、次つぎと上から 5 の位置に表示させるので、0 から 5 の間に、O がならぶように表示されます。

30行・35行

岩の ＊《アスタリスク》 を表示させます。上から 23、左から 1 から 31 の間にランダムに表示させます。プログラムをくり返すと、上から 23 の位置に次つぎと岩を表示し、そのたびに改行していくので、画面全体が上にあがっていきます。35 行の WAIT《ウェイト》 で、岩が表示されてから、次の岩が表示されるまでの時間を決めています。この時間の長さを変えると、プログラムのくり返しのはやさを調整《ちょうせい》できます。

36行

左カーソルと右カーソルで、カヌーを左右に動かせるようにします。ボタンがおされたときに返される 1 を利用します。

40行

IF《イフ》による判断《はんだん》で、カヌーが動いた場所に岩がない場合は、20行へもどってくり返します。カヌーが動いた場所に岩がある場合は、次に進むプログラムがないので、終わります。

TRY! やってみよう！

プログラムの数字を変えたり、行を追加《ついか》したりして、ゲームのむずかしさを変えてみましょう。

① 川の流れをおそくしましょう。

② 川の流れをはやくしましょう。

③ ランダムに表示される岩の数をもう1種類《しゅるい》ふやして2倍にしましょう。
2種類目の岩はM《エム》とします。

④ 岩に当たったときに、ブザーを鳴らして、さらにカヌーの位置に、CRASH!《クラッシュ》という文字列《もじれつ》を表示しましょう。CRASHとは「激突《げきとつ》」という意味の英語《えいご》です。

⑤ 岩に当たってもゲームを終わりにせずに、岩に当たった回数をカヌーの位置に表示しましょう。それが10になったらゲームを終わりにして、カヌーの位置にGAME《ゲーム》 OVER!《オーバー》と表示しましょう。

TRY!

答え

① 35行のWAIT《ウェイト》の数を大きくすれば、おそくなります。20行など、ほかの行にWAITを入力しても、おそくなります。

```
10 CLS:X=15
20 LC X,5:?"O":WAIT 5
30 LC RND(30)+1,23:?"*"
35 WAIT 7
36 X=X-BTN(28)+BTN(29)
40 IF SCR(X,5)=0 GOTO 20
```

② WAITの数を小さくすれば、川の流れははやくなります。

```
10 CLS:X=15
20 LC X,5:?"O":WAIT 2
30 LC RND(30)+1,23:?"*"
35 WAIT 3
36 X=X-BTN(28)+BTN(29)
40 IF SCR(X,5)=0 GOTO 20
```

③ 岩を表示《ひょうじ》する30行と同じプログラムをふやして、31行とします。もう1種《しゅ》類《るい》の岩をM《エム》とします。上からの位置は＊《アスタリスク》があらわれる行の1つ上とします。

```
10 CLS:X=15
20 LC X,5:?"O":WAIT 2
30 LC RND(30)+1,23:?"*"
31 LC RND(30)+1,22:?"M"
35 WAIT 3
36 X=X-BTN(28)+BTN(29)
40 IF SCR(X,5)=0 GOTO 20
```

④ 50行を追加して、BEEP《ビープ》で音を鳴らし、CRASH!《クラッシュ》の表示を追加《ついか》します。

```
40 IF SCR(X,5)=0 GOTO 20
50 BEEP:LC X,5:?"CRASH!"
```

カヌーの位置《いち》に岩がないときに 20 行へもどるのは同じです。

そうではない場合、つまり岩に当たった場合は、50 行に進んで、BEEP でブザーが鳴って、そしてカヌーの位置に、CRASH! と表示されます。それでプログラムが終わりになります。

⑤

```
10 CLS:X=15:C=0
20 LC X,5:?"O":WAIT 2
30 LC RND(30)+1,23:?"*"
31 LC RND(30)+1,22:?"M"
35 WAIT 3
36 X=X-BTN(28)+BTN(29)
40 IF SCR(X,5)>0 C=C+1:BEEP:LC X,5:?C:WAIT 30
44 IF C>9 LC X,5:?"GAME OVER!":END
45 GOTO 20
```

10行

岩に当たった数の変数《へんすう》をC《シー》とします。はじめは 0 です。

40行

```
40 IF SCR(X,5)>0 C=C+1:BEEP:LC X,5:?C:WAIT 30
```

もし岩に当たっている場合は、SCR《スクリーン》がキャラクターコードを返してくるので、0 より大きくなります。そのとき、岩に当たった回数のCが1ふえるようにします。ブザーを鳴らして、カヌーの位置に、岩に当たった数の C を表示します。C を表示する時間を WAIT で設定《せってい》します。

岩に当たっていなければ、そのまま次の 44 行に進みます。

44行・45行

```
44 IF C>9 LC X,5:?"GAME OVER!":END
45 GOTO 20
```

岩に当たった数が 10 になったら、カヌーの位置に GAME《ゲーム》 OVER《オーバー》! と表示して、プログラムを終わりにさせます。10 になっていない場合は、まだゲームをつづけますので、45 行で、20 行にもどします。

15

ストップウォッチを作ろう

TRY!

ボタンをおしてからもう一度ボタンをおすまでの時間を表示《ひょうじ》させます

IchigoJam《イチゴジャム》は電源《でんげん》をいれると、1 秒に 60 回、数を数えつづけています。指示《しじ》がなくても、勝手《かって》にカウントしてくれます。TICK《ティック》というコマンドが、IchigoJam が数えた数を返してくれます。TICK とは「時計のカチカチという音」という意味の英語《えいご》です。

STEP1　TICK の数を表示《ひょうじ》しよう

?《プリント》で、TICK の数を表示《ひょうじ》させましょう。

右のように入力して、ENTER《エンター》をおせば、電源をいれてから、このプログラムを実行したときまでに数えた TICK の数を表示します。

```
? TICK()
```

つづけて、もう一度同じように入力して、ENTER でプログラムを実行してみましょう。

IchigoJam は数を数えつづけているので、表示される数はどんどん大きくなります。

```
? TICK()
7553
OK
? TICK()
14925
OK
```

5行

TICK の数はどんどん変《か》わっていくので、変《へん》数《すう》の T《ティー》に TICK の数をおぼえさせます。

```
5 T=TICK()
```

STEP2 TICKの数を秒にしよう

TICKが返してくる数字は、1秒に60回のペースで数えている数です。

この数を秒の単位《たんい》にしてみましょう。

1秒に60数えているので、TICKの数を60で割《わ》れば、秒になります。

TICKが60→1秒
TICKが120→2秒
TICKの数 ÷ 60 →秒数になる

10行

右のようにTICKの数をおぼえさせた変数Tに／《スラッシュ》と60をくわえます。割り算の記号は÷ではなく／を使うので気をつけましょう。

```
5 T=TICK()
10 ? T/60
```

STEP3 TICKの数を0にもどそう

20行

電源が入っている状態《じょうたい》で、TICKの数を0にもどすときには、CLT《クリアティック》コマンドを使います。図のように20行にCLTを使うと、プログラムを実行して20行にきたときに、数えている時間を0にもどして、また数えはじめます。

```
5 T=TICK()
10 ? T/60
20 CLT
```

RUN《ラン》①でプログラムを実行すると、10行の？が、0から数え直したTICKの数を表示させます。

いろいろなタイミングで、プログラムを実行してみましょう。TICKを60で割って表示させているので、1秒以下《いか》のときには0となります。

```
5 T=TICK()
10 ? T/60
20 CLT
RUN
19
OK
RUN
0
OK
```

このプログラムをボタンで実行できるようにすれば、ストップウォッチができます。

① F5《エフ》をおすか、RUNと入力してENTERをおします。

STEP4 ボタンをおすたびに、時間を秒で表示《ひょうじ》させよう

それでは、ストップウォッチを作ります。ストップウォッチは、ボタンをおすと 0 から時間をはかりはじめて、次にボタンをおすと、それまでの時間を表示《ひょうじ》します。

[←]をおしてから、次に[→]をおすまでの時間を表示するストップウォッチを作ります。

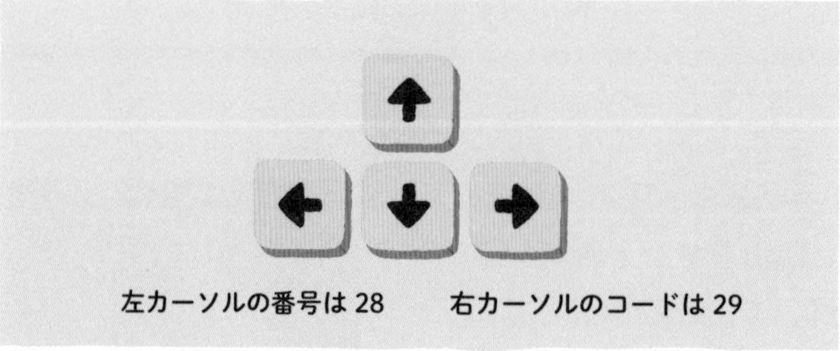

5行・10行

```
5 CLS
10 IF BTN(28)=0 THEN GOTO 10
```

NEW《ニュー》①でおぼえているプログラムをわすれさせてからはじめましょう。5 行の CLS《クリアスクリーン》 でプログラムを実行したら、画面の表示を消します。

10 行では、[←]をおしたときに、次の行へ進むようにします。

BTN《ボタン》 はおされていないときには 0 を返すので、0 のときには 10 行をくり返して、次の 20 行へ進ませない判断《はんだん》を IF《イフ》 にさせます。おしたときには BTN が 1 を返すので、次の 20 行へ進みます。

① NEW と入力して [ENTER《エンター》] をおします。

20行

```
5 CLS
10 IF BTN(28)=0 THEN GOTO 10
20 CLT:? "START"
```

[←]がおされたら、CLT《クリアティック》で TICK《ティック》を 0 にします。0 にした瞬間《しゅんかん》から、Ichigo《イチゴ》Jam《ジャム》はまた数を数えはじめます。?《プリント》で START《スタート》と表示します。

30行

```
5 CLS
10 IF BTN(28)=0 THEN GOTO 10
20 CLT:? "START"
30 IF BTN(29)=0 THEN GOTO 30
```

[→]がおされたら、次の 40 行に進む判断を IF にさせます。

```
5 CLS
10 IF BTN(28)=0 THEN GOTO 10
20 CLT:? "START"
30 IF BTN(29)=0 THEN GOTO 30
40 T=TICK():? T/60
50 GOTO 10
```

40行

[→]をおしたときの TICK の数を変数《へんすう》の T《ティー》におぼえさせます。T を 60 で割《わ》った数が秒数です。その秒数を?《プリント》で表示します。

50行

10 行へもどすので、つづけてストップウォッチとして使えます。実行してみましょう。終わらせるときには、[ESC]《エスケープ》をおします。

Ichigo《イチゴ》Jam《ジャム》 web《ウェブ》や ap《エービー》を使っている場合、使用ブラウザやパソコンによっては、プログラムが返す時間が実際《じっさい》の時間と異《こと》なることがあります。

STEP5　1秒より小さい数を表示《ひょうじ》しよう

40行でTICK《ティック》を60で割《わ》って秒にしていますが、IchigoJam《イチゴジャム》の割り算ではあまりの数は表示《ひょうじ》されません。そのため、1より小さい数は表示されません。あまりだけを返す%《パーセント》を使うと、1秒より小さい時間を表示できます。

```
40 T=TICK():? T/60
```

40行

40行を改造《かいぞう》します。秒の横に、小数点を表示します。横にならべて表示するので、;《セミコロン》をつけて“　”《ダブルクウォート》のなかに小数点を入力します。数字は“　”のなかに入力しなくても表示されますが、小数点は文字なので、“　”のなかに入力します。

```
40 T=TICK():? T/60;".";T%60/6
```

さらに、TICKを60で割ったときのあまりの数を6で割って、その答えを小数点にならべて表示させます。

これで1秒より短い時間が表示されます。

```
5 CLS
10 IF BTN(28)=0 THEN GOTO 10
20 CLT:? "START"
30 IF BTN(29)=0 THEN GOTO 30
40 T=TICK():? T/60;".";T%60/6
50 GOTO 10
```

／《スラッシュ》と%《パーセント》の組み合わせで、１秒よりも短い時間が表示できるしくみ

IchigoJam の１秒は 60 です。TICK が 90 のとき、秒数は、TICK の 90 を 60 で割った数なので１です。ただし、このままでは、１秒より短い時間は表示されません。

%を使うと、1 秒より短い時間が表示できます。90 を 60 で割ると、あまりは 30 です。ですので、90% 60 が返すのは 30 です。

30 は、1 秒である 60 の半分なので、0.5 秒です。30 を 6 で割《わ》ったときの 5 が、小数点第一位の数です。

TICK の 90 は、1.5 秒です。

90 ÷ 60 ＝ 1.5

これを小数点を使わない IchigoJam《イチゴジャム》で表示させました。

1.5 秒

↗ 90 ／ 60 の計算結果《けっか》は 1

↖ 90% 60 の計算結果は 30
30 ／ 6 の計算結果は 5

参考

CONT《コンティニュー》を使って作るストップウォッチ

CONT コマンドを使ってもストップウォッチが作れます。

CONT とは「つづける」という意味の英語《えいご》の CONTINUE《コンティニュー》のことです。下のプログラムでは、ボタンがおされなければその行のプログラムをつづけてくれます。

```
5 CLS
10 IF BTN(28)=0 CONT
20 CLT:? "START"
30 IF BTN(29)=0 CONT
40 T=TICK():? T/60;".";T%60/6
50 GOTO 10
```

16

反《はん》応《のう》時間ゲームを作ろう

TRY!

LED《エルイーディー》が光ってからボタンをおすまでの時間をはかるゲームを作ります

LED《エルイーディー》をランダムなタイミングで光らせて、できるだけはやくボタンをおします。ボタンをおすまでにかかった時間を表示《ひょうじ》します。

STEP1 LEDをランダムに光らせよう

10行

LEDを消します。

```
10 LED 0
```

20行

20行で、LEDを光らせるまでの時間を決め、30行でLEDを光らせます。

WAIT《ウェイト》とRND《ランダム》を組み合わせて、LEDが消えたまま待つ時間をランダムにします。RND(180) で、0から179までのどれかの数字が返ってきます。

いつ光るか分からないまま待てるように、短くても1秒は、LEDは消えたままにしましょう。RNDが返す数字の0から179に、60を足すと、光りはじめるまでに、最低《さいてい》1秒は待つことになります。

```
10 LED 0
20 WAIT RND(180)+60
```

30行

LEDを光らせます。

光ってからボタンをおすまでの時間をはかるので、CLT《クリアティック》でTICK《ティック》を0にします。

```
10 LED 0
20 WAIT RND(180)+60
30 LED 1:CLT
```

STEP2 ボタンをおしたら時間が表示されるようにしよう

40行

40 行の BTN《ボタン》 は、SPACE《スペース》がおされていなければ 0 を、おされていれば 1 を返してきます。

SPACEの番号は 32 です。SPACEはキーボードの一番下の行にあるなにも書かれていない大きなキーです。

おされていないときには、40 行をくり返して、次の 50 行へ進ませません。

```
10 LED 0
20 WAIT RND(180)+60
30 LED 1:CLT
40 IF BTN(32)=0 GOTO 40
```

50行

SPACEがおされたら、50 行へ進みます。

50 行では、LED が光ってからSPACEがおされるまでの TICK を、秒数に直して表示します。

TICK は 1 秒に 60 数えているので、60 で割《わ》れば、秒での表示になります。

```
10 LED 0
20 WAIT RND(180)+60
30 LED 1:CLT
40 IF BTN(32)=0 GOTO 40
50 ? TICK()/60
```

60行

GOTO《ゴートゥー》 で 10 行にもどるようにすれば、ゲームがくり返されます。

ゲームを終えるときは、ESC《エスケープ》をおします。

```
10 LED 0
20 WAIT RND(180)+60
30 LED 1:CLT
40 IF BTN(32)=0 GOTO 40
50 ? TICK()/60
60 GOTO 10
```

ゲームはひとまず完成《かんせい》しましたが、50 行の／《スラッシュ》の割り算ではあまりが表示されないので、0 秒や 1 秒しか表示されず、あまりおもしろくならないかもしれません。

STEP3

1秒より小さい数を出そう

P. 60「15 ストップウォッチを作ろう」でやったように、小数点以下《いか》が表示《ひょうじ》されるようにします。

50行でTICK《ティック》を60で割《わ》って秒にしていますが、このとき、あまりの数は表示されません。／《スラッシュ》の割り算ではあまりが表示されないためです。

あまりだけを返す%《パーセント》を使って、1秒より小さい時間を表示させます。

```
10 LED 0
20 WAIT RND(180)+60
30 LED 1:CLT
40 IF BTN(32)=0 GOTO 40
50 ? TICK()/60
60 GOTO 10
```

50行

```
50 ? TICK()/60;".";TICK()%60/6
```

50行を改造《かいぞう》します。秒の後に小数点を表示します。ならべて表示するので、;《セミコロン》をつけて、“《ダブル》 ”《クォート》のなかに小数点を入力します。さらに、TICKを60で割ったときのあまりの数を6で割って、その答えを小数点にならべて表示させます。こうすることで、1秒より小さい時間も表示することができるようになります。

STEP4 1秒よりはやくおせたら、終わりにしよう

55行・60行

```
55 IF TICK()/60<1 THEN LED 0:END
60 GOTO 10
```

1秒よりはやくおせたら終わりにするよう、60行でくり返しをさせる前に、IF《イフ》で判断《はんだん》をさせます。

TICKを60で割った秒数が1より小さかったら、THEN《ゼン》の後のプログラムを実行します。LED《エルイーディー》を消してプログラムを終わりにします。

TICKを60で割った秒数が1より大きかったら、THENの後のプログラムは実行せずに、次の60行へ進みます。そして60行のGOTO《ゴートゥー》で10行へもどってくり返しになります。

プログラム全体を表示すると、下のようになります。

```
10 LED 0
20 WAIT RND(180)+60
30 LED 1:CLT
40 IF BTN(32)=0 GOTO 40
50 ? TICK()/60;".";TICK()%60/6
55 IF TICK()/60<1 THEN LED 0:END
60 GOTO 10
```

なお、THENは省略《しょうりゃく》することができます。

```
55 IF TICK()/60<1 LED 0:END
```

40行のIFの後のTHENも省略されています。

17

ゲームの時間をはかろう

TRY!

ゲームオーバーになるまでの時間が分かる機能《きのう》をつけます

TICK《ティック》と CLT《クリアティック》を使うと、これまでに作ってきたゲームに、時間を表示《ひょうじ》する機能《きのう》をつけることができます。P. 50「13 川くだりゲームを作ろう」で作ったゲームに、ゲームオーバーになるまでの時間をはかる機能を追加《ついか》しましょう。

STEP1 川くだりゲームを表示しよう

川くだりゲームを SAVE《セーブ》で保存《ほぞん》してあれば、それを LOAD《ロード》でよび出しましょう。SAVE 0 に保存していれば、LOAD 0 で、SAVE 1 に保存していれば、LOAD 1 で引き出せます。入力して ENTER《エンター》 をおします。

```
LOAD 0
```

どこに保存したのかをたしかめる場合は、FILES《ファイルズ》を実行します。FILES と入力して、ENTER をおします。F9《エフ》 でも実行できます。右の図では、0 のところにプログラムが保存されています。

```
FILES
0 CLS:X=15
1
2
3
```

IchigoJam web《イチゴ ジャム ウェブ》では、テキストとして保存してあるプログラムを読みこむこともできます。プログラムのテキストを画面下のテキストボックスにはりつけて、IMPORT《インポート》 をおしましょう。プログラムを読みこんでくれます。

保存していなければ、右のプログラムを入力しましょう。

```
10 CLS:X=15
20 LC X,5:? "O"
30 LC RND(30)+1,23:? "*"
35 WAIT 5
36 X=X-BTN(28)+BTN(29)
40 IF SCR(X,5)=0 GOTO 20
```

STEP2 時間を表示しよう

10行

プログラムを実行したら、CLTでTICKをクリアして0から数えるようにCLTを追加します。

修正《しゅうせい》したら、[ENTER]をおしましょう。

```
10 CLT:CLS:X=15
```

50行

50行を追加して、ゲームオーバーになるまでの時間が秒数で表示されるようにします。

TICKを60で割《わ》って表示します。

```
50 ? TICK()/60
```

LIST《リスト》①で全体のプログラムを表示して、右のようになっていたら、実行しましょう。

```
10 CLT:CLS:X=15
20 LC X,5:? "O"
30 LC RND(30)+1,23:? "*"
35 WAIT 5
36 X=X-BTN(28)+BTN(29)
40 IF SCR(X,5)=0 GOTO 20
50 ? TICK()/60
```

50行を右のように改造《かいぞう》すれば、1秒より短い時間も表示することができます。

TICKの数を変数《へんすう》T《ティー》におぼえさせています。

```
50 T=TICK():? T/60;".";
T%60/6
```

① F4《エフ》をおすか、LISTと入力して[ENTER]をおします。

メトロノームを作ろう

TRY!

変数《へんすう》とあまりの計算を使ってメトロノームを作ります

メトロノームは、一定のテンポと拍子《ひょうし》を、音できざんでくれる機械《きかい》です。楽器《がっき》を練習するときに、テンポを合わせるために使います。

あまりの数を返す%《パーセント》を使って、数字と音でいろいろなテンポと拍子をあらわすメトロノームを作ります。

STEP1

%のはたらきをたしかめよう

%は、算数や数学で使われるときとちがい、割《わ》り算のあまりを返すはたらきをします。?《プリント》で表示《ひょうじ》させると右のようになります。

```
? 1%2
1
OK
? 2%2
0
OK
? 3%2
1
OK
? 4%2
0
OK
? 5%2
1
OK
```

1 ÷ 2 = 0あまり1	1%2は1
2 ÷ 2 = 1あまり0	2%2は0
3 ÷ 2 = 1あまり1	3%2は1
4 ÷ 2 = 2あまり0	4%2は0
5 ÷ 2 = 2あまり1	5%2は1

1、2、3、4、5…と連続《れんぞく》する数を2で割ったときのあまりは、1、0、1、0、1…と、1と0が交互《こうご》に進む数の列です。

%を使うと、連続する数の列を、一定の数のくり返しの列に変《か》えることができます。

STEP2 数字を連続して表示させよう

10 行・20 行

0 からはじまって 1 ずつふえていく数を X《エックス》と します。10 行で、X が 0 からはじまることにします。

```
10 X=0
20 ? X:WAIT 60
```

20 行では、その数を 1 秒ごとに、? で画面に表示します。1 秒なので WAIT《ウェイト》 60 です。WAIT の時間を変えると、テンポが変わります。大きくすればおそくなり、小さくすればはやくなります。

30 行・40 行

30 行で、X を 0 から 1 ずつ大きくすることにします。

これで、10 行から 30 行へ進むと、X が 1 ふえます。

40 行の GOTO《ゴートゥー》 で、20 行にもどして、くり返させます。

1 ずつ大きくなった X の数が、? で表示されていきます。

```
10 X=0
20 ? X:WAIT 60
30 X=X+1
40 GOTO 20
```

```
0
1
2
3
4
5
6
```

STEP3 % を使わずに作ってみよう

このプログラムを、1、2、3 の数をくり返すように変えてみましょう。

1 からはじまるので、10 行で X を 1 にします。40 行で、X が 4 になったら 10 行にもどします。X が 3 以下《いか》であれば、THEN《ゼン》 の後のプログラムは実行されず、50 行へ進み、その後 20 行へ進んでくり返します。実行してみましょう。

```
10 X=1
20 ? X:WAIT 60
30 X=X+1
40 IF X>3 THEN GOTO 10
50 GOTO 20
```

STEP4 3拍子《びょうし》を作ろう

1、2、3をくり返すプログラムができたので、X《エックス》が3のときに音を出せば、3拍子《びょうし》①のメトロノームの完成《かんせい》です。40行にBEEP《ビープ》をくわえて、10行にもどる前に音を出してみます。

```
10 X=1
20 ? X:WAIT 60
30 X=X+1
40 IF X>3 THEN BEEP:GOTO 10
50 GOTO 20
```

実行してみましょう。数字が1のときに、音が出ています。40行でXが3より大きいとき、つまりXが4のときに音が出るようにしています。音が出た後は、10行へもどってX = 1となり、20行でXの数字を表示《ひょうじ》します。40行で音が出てから、10行、20行へあっという間に進むので、音が出るタイミングと、数字の1が表示されるタイミングがほぼ同じになります。

これだと、3拍子が分かりづらいので、35行でXが3になったときに音が出るようにします。40行のBEEPはとり、Xが4になったときに10行にもどして、X=1からくり返すようにします。

```
10 X=1
20 ? X:WAIT 60
30 X=X+1
35 IF X=3 THEN BEEP
40 IF X>3 THEN GOTO 10
50 GOTO 20
```

STEP5 %《パーセント》を使ってプログラムを書いてみよう

%《パーセント》を使って、上と同じ機能《きのう》のプログラムを作ります。Xがどんどん大きくなっていったとき、それを3で割《わ》ったときのあまりを考えます。

X	1	2	3	4	5	6	7	8	9	10	11	12	…
3で割ったときのあまり	1	2	0	1	2	0	1	2	0	1	2	0	…
BEEPで音を出すところ			B			B			B			B	…

%が返す「割り算のあまりの数」を使えば、3回に1回音が出る数の列を作れます。

① 同じテンポをきざみながら、3回に1回音が鳴れば3拍子、2回に1回なら2拍子、4回に1回なら4拍子のメトロノームになります。

40行

X％3が0のとき、つまり、Xを3で割ってあまりが出ないときに、BEEPで音を出します。1秒待ってから、10行へもどるようにします。35行は消します。

```
10 X=1
20 ? X:WAIT 60
30 X=X+1
40 IF X%3=0 THEN ?"0":BEEP:WAIT 60:GOTO 10
50 GOTO 20
```

実行してみましょう。

STEP6 いろいろな拍子《ひょうし》が出るようにしよう

2行で入力するWAIT《ウェイト》の数を小さくすればはやく、大きくすればおそくすることができます。3行で入力する％の割る数を変《か》えれば拍子《ひょうし》（英語《えいご》でBEAT《ビート》といいます）が変わります。それぞれH《エイチ》とB《ビー》にして、プログラムを実行したらINPUT《インプット》で入力できるようにしましょう。

```
1 CLS
2 INPUT "HAYASA=",H
3 INPUT "BEAT=",B
10 X=1
20 ? X:WAIT H
30 X=X+1
40 IF X%B=0 THEN ?"0":BEEP:WAIT H:GOTO 10
50 GOTO 20
```

1行

プログラムを実行したら、画面の表示が消えるようにします。

2行

20行と40行のWAITの数Hを入力できるようにします。はやさを変えられます。

3行

40行のあまりを出すときに割る数Bを入力できるようにします。何回に1回のリズムで音を出すのか、ここで決めることができます。

19

キャラクターを使おう

TRY!

Ichigo《イチゴ》Jam《ジャム》がおぼえているキャラクターをよび出して表示《ひょうじ》します

Ichigo《イチゴ》Jam《ジャム》は、数字、アルファベット、カタカナ、記号、絵文字に、キャラクターコードとよばれる番号をつけておぼえています。キャラクターはCHARACTER《キャラクター》という英語《えいご》で、「小説、劇《げき》、漫画《まんが》などの登場人物《とうじょうじんぶつ》」という意味と「文字」という意味を持ちます。コードはCODE《コード》という英語で、「記号や規則《きそく》」という意味です。

STEP1 キャラクターを表示《ひょうじ》しよう

CHR《キャラクター》コマンドでキャラクターコードを指定《してい》して、文字や数字だけでなく、記号や絵文字を表示することができます。CHRに$《ドル》①をつけて、かっこのなかにキャラクターコードを入力します。

```
? CHR$(236)

OK
```

右上のプログラムを実行してみましょう。ねこのキャラクターが表示《ひょうじ》されます。

宇宙人《うちゅうじん》もあります。かっこのなかを237に変《か》えて、実行してみましょう。

```
? CHR$(237)

OK
```

STEP2 キャラクターを使ってみよう

これまでは、絵文字を使わず、宇宙人を< Y >であらわしたり、岩を*《アスタリスク》であらわしたりしていました。P.26「07 宇宙人がやってくる！」のプログラムで、絵文字を使うと、右のようになります。30行の?《プリント》の後が変わっています。よければ入力して、実行してみましょう。

```
10 X=15:Y=0
20 CLS
30 LC X,Y:? CHR$(237):
WAIT 30
40 X=X+0:Y=Y+1
45 IF Y>21 THEN END
50 GOTO 20
```

① $を出すには、SHIFT《シフト》をおしながら、$が書かれたキーをおします。

STEP3

キャラクターの表を見てみよう

キャラクターコード 0 から 255 までのキャラクターを表にすると次のようになります。

	0	1	2	3	4	5	6	7	8	9
0		█	▦	▩	░	[illegible]	▤	[illegible]	[illegible]	--
10	↲	[illegible]	◌	■	□	◱	◲	▯	┃	▔
20	▁	[illegible]	◉	┃	═	╱	╲	[illegible]	←	→
30	↑	↓		!	"	#	$	%	&	'
40	(	)	*	+	,	-	.	/	0	1
50	2	3	4	5	6	7	8	9	:	;
60	<	=	>	?	@	A	B	C	D	E
70	F	G	H	I	J	K	L	M	N	O
80	P	Q	R	S	T	U	V	W	X	Y
90	Z	[	\	]	^	_	`	a	b	c
100	d	e	f	g	h	i	j	k	l	m
110	n	o	p	q	r	s	t	u	v	w
120	x	y	z	{	|	}	~	[illegible]		▝
130	▘	▀	▖	▌	▞	▛	▗	▚	▐	▜
140	▄	▙	▟	█	·	━	┃	╋	┫	┣
150	┻	┳	┏	┓	┗	┛	◤	◥	◣	◢
160	¥	｡	｢	｣	､	･	ｦ	ｧ	ｨ	ｩ
170	ｪ	ｫ	ｬ	ｭ	ｮ	ｯ	ｰ	ｱ	ｲ	ｳ
180	ｴ	ｵ	ｶ	ｷ	ｸ	ｹ	ｺ	ｻ	ｼ	ｽ
190	ｾ	ｿ	ﾀ	ﾁ	ﾂ	ﾃ	ﾄ	ﾅ	ﾆ	ﾇ
200	ﾈ	ﾉ	ﾊ	ﾋ	ﾌ	ﾍ	ﾎ	ﾏ	ﾐ	ﾑ
210	ﾒ	ﾓ	ﾔ	ﾕ	ﾖ	ﾗ	ﾘ	ﾙ	ﾚ	ﾛ
220	ﾜ	ﾝ	ﾞ	ﾟ	⬅	➡	⬆	⬇	♠	♥
230	♣	♦	○	●	10	[illegible]	[illegible]	[illegible]	♪	[illegible]
240	[illegible]	[illegible]	[illegible]	[illegible]	[illegible]	[illegible]	[illegible]	▟	◘	[illegible]
250	[illegible]	[illegible]	[	[illegible]	]	[illegible]				

0 は空白、32 は画面と同じ色の正方形です。

STEP4

カタカナを表示《ひょうじ》しよう

IchigoJam《イチゴジャム》 では、CHR《キャラクター》 とキャラクターコードを使ってカタカナを表示《ひょうじ》することができます。

P. 40「10 バッティングゲームを作ろう」で作った、バッティングゲームの「HIT《ヒット》」の表示を、「ヒット」とカタカナで表示されるようにしましょう。下が改造《かいぞう》前のプログラムです。

```
10 Y=0
20 CLS
30 LC 14,15:? "!"
40 LC 15,Y:? "O"
45 IF Y>23 END
50 IF BTN()=1 GOTO 90
60 Y=Y+1
70 WAIT 6
80 GOTO 20
90 IF Y=15 ? "HIT"
```

90 行の「HIT」が、「ヒット」と表示されるようにします。

3 つのカタカナのキャラクターコードは、ヒは 203、ッは 175、トは 196 です。

キャラクターコードを使ったプログラムは次のようになります。

```
10 Y=0
20 CLS
30 LC 14,15:? "!"
40 LC 15,Y:? "O"
45 IF Y>23 END
50 IF BTN()=1 GOTO 90
60 Y=Y+1
70 WAIT 6
80 GOTO 20
90 IF Y=15 ? CHR$(203);CHR$(175);CHR$(196)
```

実は IchigoJam では、キャラクターコードを使わなくても、キーボードの カナ《カナ》/KANAキー か、CTRL《コントロール》 をおしながら SPACE《スペース》 をおすと、ローマ字入力でカタカナを入力することができます。ローマ字をおぼえていたら、ためしてみましょう。同じようにキーをおすと、元の入力方法《ほうほう》にもどります。

```
90 IF Y=15 ?"ﾋｯﾄ"
```

STEP5 アスキーコードを知ろう

プログラミングの世界には、アスキーコードという番号があり、IchigoJamの一部の文字や記号も同じ番号を使っています。

アスキーとは、American《アメリカン》 Standard《スタンダード》 Code《コード》 for《フォー》 Information《インフォメーション》 Interchange《インターチェンジ》（米国情報交換用標《べいこくじょうほうこうかんようひょう》準《じゅん》コード）を略《りゃく》したASCII《アスキー》のことです。

ASC《アスキー》コマンドは文字のアスキーコードの番号を返してきます。

右のように、ASCの後で、（　）と“ ”《ダブルクォート》のなかにA《エー》を入力して、RUN《ラン》①で実行すると、65という数字を返してきます。Aのアスキーコードの番号は65です。

```
? ASC("A")
65
OK
```

今度はAをZ《ゼット》に変えて実行してみます。90と返してきたので、Zのアスキーコードの番号は90です。

```
? ASC("Z")
90
OK
```


① F5《エフ》をおすか、RUNと入力してENTER《エンター》をおします。

20

金魚すくいゲームを作ろう

TRY!

金魚に向かってポイをいれて金魚をすくうゲームを作ります

水そうに入っている金魚をポイですくうゲームです。金魚すくいで使ううすい紙がはられた手もちのわくをポイといいます。

STEP1 ゲームをイメージしよう

横10×たて10の大きさの水そうのどこかに、ランダムに金魚が表示《ひょうじ》されます。その金魚の左からの位置《いち》と上からの位置を予想して、その数を入力したらポイをいれたことにします。金魚の位置とポイの位置が同じなら、金魚をすくえたことにします。

金魚をすくったら、ゲームを終了《しゅうりょう》させます。

水そうを大きくするほど、つかまえるのがむずかしくなります。水そうの大きさは、横10×たて10の大きさとします。

横10×たて10の水そうは、右の図のように横0, たて0（左から0、上から0）から、横9, たて9（左から9、上から9）の100個《こ》のマスで区切られます。

このマスのどこかに、ランダムに金魚が表示されます。

0,0	1,0	2,0	3,0	4,0	5,0	6,0	7,0	8,0	9,0
0,1	1,1	2,1	3,1	4,1	5,1	6,1	7,1	8,1	9,1
0,2	1,2	2,2	3,2	4,2	5,2	6,2	7,2	8,2	9,2
0,3	1,3	2,3	3,3	4,3	5,3	6,3	7,3	8,3	9,3
0,4	1,4	2,4	3,4	4,4	5,4	6,4	7,4	8,4	9,4
0,5	1,5	2,5	3,5	4,5	5,5	6,5	7,5	8,5	9,5
0,6	1,6	2,6	3,6	4,6	5,6	6,6	7,6	8,6	9,6
0,7	1,7	2,7	3,7	4,7	5,7	6,7	7,7	8,7	9,7
0,8	1,8	2,8	3,8	4,8	5,8	6,8	7,8	8,8	9,8
0,9	1,9	2,9	3,9	4,9	5,9	6,9	7,9	8,9	9,9

STEP2　金魚をランダムな位置に表示《ひょうじ》させよう

つかまえる金魚がゲームのたびにランダムな位置に出てくるように、RND《ランダム》を使います。

```
10 CLS:X=RND(10):Y=RND(10):LC X,Y:? CHR$(224)
```

10行

10行は5つのプログラムでできています。

CLS《クリアスクリーン》	プログラムを実行したらCLSで画面の表示を消します。
X《エックス》 = RND(10)	金魚の左からの位置Xは、RNDによって0から10個、つまり0から9までのどれかの数字となります。
Y《ワイ》 = RND(10)	金魚の上からの位置Yも、左からの位置Xと同様です。
LC《ロケイト》 X, Y	金魚の表示位置を、左からX、上からYの位置にします。
?《プリント》 CHR《キャラクター》$(224)	CHRでキャラクターコード224の矢じるしを金魚として表示させます。

STEP3　ポイを水そうにいれられるようにしよう

20行

```
10 CLS:X=RND(10):Y=RND(10):LC X,Y:? CHR$(224)
20 LC 0,14
```

ポイの位置を入力する場所を、LCで、左から0、上から14にします。

金魚の水そうは、横10×たて10の大きさなので、ポイの位置を入力する場所が水そうの外になるように、上からの位置を14とします。

ポイの左からの位置《いち》と、上からの位置を、INPUT《インプット》を使って、プレイヤーが入力できるようにします。L《エル》をポイの左からの位置、H《エイチ》をポイの上からの位置とします。

はじめに左からの位置Lを、次に上からの位置Hをキーボードで入力します。ポイは、金魚が表示《ひょうじ》される水そうのなかにいれるので、数字は0から9までとなります。

英語《えいご》で左をLEFT《レフト》、高さをHEIGHT《ハイト》といいます。左からの位置Lと、上からの位置Hはこれらの英語からとりました。

```
10 CLS:X=RND(10):Y=RND(10):LC X,Y:? CHR$(224)
20 LC 0,14
30 INPUT "HIDARI KARA?",L
40 INPUT "UE KARA?",H
50 LC L,H:? CHR$(233)
```

20行

LとHに数字を入力する位置は、20行で決めた左から0、上から14の位置です。

30行・40行

なんの数を入力するのか分かるように、INPUTで「HIDARI KARA?」(ひだりから)と「UE KARA?」(うえから)をそれぞれ表示させます。

50行

30行と40行のINPUTで入力した数字の位置に、?《プリント》でポイを表示させます。キャラクターコード233の●をポイとします。

STEP4 金魚をすくえたかどうか、判定《はんてい》させよう

```
60 IF L=X AND H=Y THEN ? "GOT IT!":END
70 GOTO 20
```

60行・70行

金魚が表示された位置と、INPUTで入力した数字が同じなら、金魚の位置にポイをいれて、金魚をすくうことができたとします。

金魚とポイの位置が同じということは、金魚の左からの位置 X《エックス》と、キーボードで入力したLが同じ数（L = X）で、さらに金魚の上からの位置 Y《ワイ》と、キーボードで入力した H が同じ数（H = Y）ということです。IF に AND《アンド》を組み合わせると、2 つの条件《じょうけん》を同時にみたすか、判定《はんてい》させることができます。AND は「○○と××」の「と」にあたる英語《えいご》です。この場合は、どちらの条件もみたすとき、ということです。

L = X と H = Y の 2 つを同時にみたすとき、THEN《ゼン》の後の？に進ませて、「とった！」という意味の「GOT《ゴット》 IT!《イット》」を表示させます。表示したら、プログラムを END《エンド》で終わりにします。

RUN《ラン》①を実行して、ゲームをしてみましょう。画面に表示された金魚の、左からの位置と上からの位置を数字で入力していきます。70 行で 20 行にもどして、金魚がすくえるまでくり返します。

LIST《リスト》②でプログラム全体を表示すると、下のようになります。

```
10 CLS:X=RND(10):Y=RND(10):LC X,Y:? CHR$(224)
20 LC 0,14
30 INPUT "HIDARI KARA?",L
40 INPUT "UE KARA?",H
50 LC L,H:? CHR$(233)
60 IF L=X AND H=Y THEN ? "GOT IT!":END
70 GOTO 20
```

金魚をあらわした矢じるしの位置を予想して、数字を入力して、ポイを表示させます。金魚とポイがかさなったら、金魚すくい成功《せいこう》です。

① F5《エフ》をおすか、RUN と入力して ENTER《エンター》をおします。

② F4 をおすか、LIST と入力して ENTER をおします。

21

金魚すくいゲームを改《かい》造《ぞう》しよう

TRY!

絶《ぜっ》対《たい》値《ち》を使って、ポイと金魚が近いとき、「おしい！」を表《ひょう》示《じ》させます

前ページまでで作った、金魚すくいゲームのプログラムを改造《かいぞう》します。

```
10 CLS:X=RND(10):Y=RND(10):LC X,Y:? CHR$(224)
20 LC 0,14
30 INPUT "HIDARI KARA?",L
40 INPUT "UE KARA?",H
50 LC L,H:? CHR$(233)
60 IF L=X AND H=Y THEN ? "GOT IT!":END
70 GOTO 20
```

STEP1

「おしい！」を判《はん》断《だん》させよう

金魚をすくえなくても、2マス以《い》内《ない》の近い位《い》置《ち》にポイをいれることができたら、「ALMOST《オールモスト》!（おしい！）」が表《ひょう》示《じ》されるようにします。

31行

金魚の左からの位置X《エックス》と、ポイの左からの位置L《エル》の差《さ》（X − L）をC《シー》とします。

```
31 C=ABS(X-L)
```

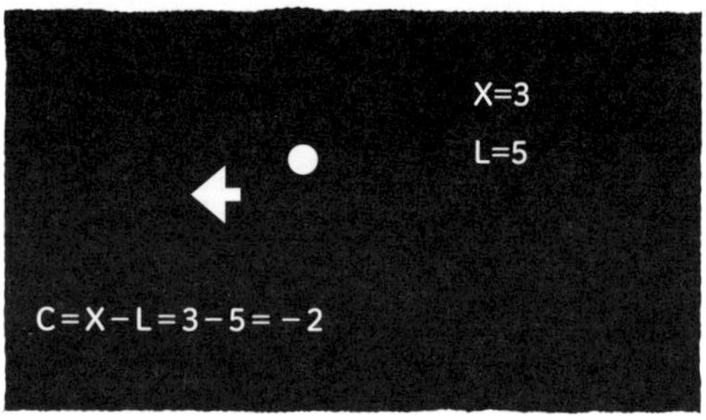

ポイの位置が金魚よりも右にあるときに、X − Lは0より小さい数になりますが、「おしい！」かどうかの判断《はんだん》に0より小さい数は必《ひつ》要《よう》ありません。右の図の場合も、金魚とポイの間の長さは「2」です。このように0より大きいか、小さいかは関係《かんけい》なく、0からどれだけはなれているかだけを見る数字を「絶対値《ぜったいち》」といいます。そして絶対値を返してくるコマンドをABS《アブソリュート》といいます。

ABSとは「絶対」という意味の英《えい》語《ご》のABSOLUTE《アブソリュート》です。

右の図の場合、X − L = − 2（マイナス 2）なので、ABS(X − L) は 2 を返します。

41 行

41 行も同じです。金魚の上からの位置 Y と、キーボードで入力したポイの上からの位置 H の差《さ》（Y − H）を D《ディー》とします。

```
41 D=ABS(Y-H)
```

Y − H では、ポイの位置が金魚よりも下にあるときには 0 より小さい数になりますが、「おしい！」かどうかの判断に、0 より小さい数は必要ありません。

右の図の場合も、金魚とポイの間の長さは「1」です。右の図の場合、X − L = − 1（マイナス 1）ですが、ABS（X − L）は 1 を返します。

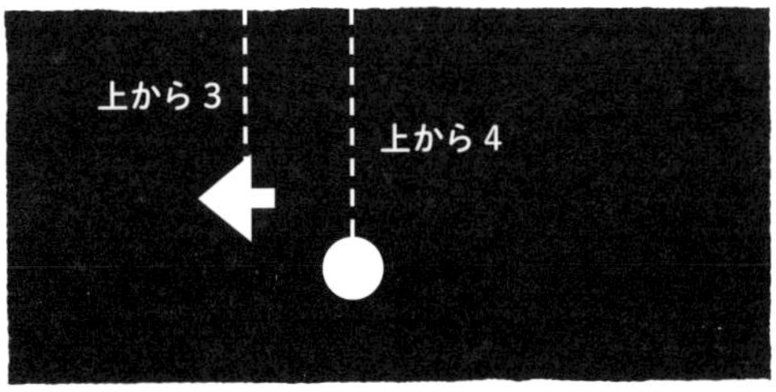

32 行

```
32 IF C<3 AND C>0 THEN LC 0,12:? "X:ALMOST!"
```

ポイの左からの位置と、金魚の左からの位置との差である C が 2 以《い》内《ない》の場合、「ALMOST!（おしい！）」と表示します。C が 1 と 2 のときなので、C < 3 の場合です。0 の場合は位置が合っているので、0 の場合はのぞきます。C > 0 ということです。

C < 3 かつ、C > 0 の場合、左から 0、上から 12 の位置に「X:ALMOST!」と表示します。

42行

```
42 IF D<3 AND D>0 THEN LC 0,13:? "Y:ALMOST!"
```

32行と同じように、ポイの上からの位置《いち》と、金魚の上からの位置との差《さ》D《ディー》が2以内《いない》の場合も、「ALMOST!《オールモスト》（おしい！）」と表示《ひょうじ》します。もしもD < 3であってD > 0の場合、左から0、上から13の位置に「Y:ALMOST!」と表示します。

STEP2 「合ってる！」を表示させよう

ポイの左からの位置L《エル》か、上からの位置H《エイチ》のどちらかだけが合っている場合、「MATCH!《マッチ》（合ってる！）」を表示します。C《シー》かDのどちらかが0の場合です。

33行

```
33 IF C=0 THEN LC 0,12:? "X:MATCH!"
```

金魚の左からの位置X《エックス》と、キーボードで入力したポイの左からの位置Lの差（X － L）であるCが0の場合、上からの位置の差であるDはちがっていても、左からの位置は同じということです。

この場合は「X:MATCH!」と、左から0、上から12の位置に表示します。

43行

```
43 IF D=0 THEN LC 0,13:? "Y:MATCH!"
```

33行と同じように、金魚の上からの位置Y《ワイ》と、キーボードで入力したポイの上からの位置Hの差（Y － H）であるDが0の場合、左からの位置の差であるCはちがっていても、上からの位置は同じということです。

この場合は「Y:MATCH!」と、左から0、上から13の位置に表示します。

60行

```
60 IF L=X AND H=Y THEN ? "GOT IT!":WAIT 30:END
ELSE GOTO 20
```

L = X かつ H = Y のとき、金魚とポイの位置が同じなので、THEN の後のプログラムを実行し、ゲーム終了です。そうでないときには、ELSE《エルス》の後のプログラムを実行し、20 行にもどります。ELSE は「そうでなければ」という意味の英語《えいご》で、IF《イフ》の後が成《な》り立たないときに、ELSE の後のプログラムを実行します。70 行を消します。

表示する行が他と重ならないように、「UE KARA?」と表示する位置を指定します。

LIST《リスト》①を実行してプログラム全体を表示させると、下のようになります。

```
10 CLS:X=RND(10):Y=RND(10):LC X,Y:? CHR$(224)
20 LC 0,14
30 INPUT "HIDARI KARA?",L
31 C=ABS(X-L)
32 IF C<3 AND C>0 THEN LC 0,12:? "X:ALMOST!"
33 IF C=0 THEN LC 0,12:? "X:MATCH!"
40 LC 0,15:INPUT "UE KARA?",H
41 D=ABS(Y-H)
42 IF D<3 AND D>0 THEN LC 0,13:? "Y:ALMOST!"
43 IF D=0 THEN LC 0,13:? "Y:MATCH!"
50 LC L,H:? CHR$(233)
60 IF L=X AND H=Y THEN ? "GOT IT!":WAIT 30:END
ELSE GOTO 20
```

RUN《ラン》②で実行してみましょう。金魚をつかまえるまで、下の図のように「ALMOST!」や「MATCH!」の表示をヒントにしながら X と Y の位置を入力できるようになっています。

① F4《エフ》をおすか、LIST と入力して ENTER《エンター》をおします。

② F5をおすか、RUN と入力して ENTER をおします。

STEP3　すくえたら、別《べつ》の金魚をすくえるようにしよう

60 行の END《エンド》 を GOTO《ゴートゥー》 10 にすれば、ゲーム終了《しゅうりょう》ではなく、10 行へもどって、別《べつ》の金魚をつかまえられるようになります。

```
10 CLS:X=RND(10):Y=RND(10):LC X,Y:? CHR$(224)
20 LC 0,14
30 INPUT "HIDARI KARA?",L
31 C=ABS(X-L)
32 IF C<3 AND C>0 THEN LC 0,12:? "X:ALMOST!"
33 IF C=0 THEN LC 0,12:? "X:MATCH!"
40 LC 0,15:INPUT "UE KARA?",H
41 D=ABS(Y-H)
42 IF D<3 AND D>0 THEN LC 0,13:? "Y:ALMOST!"
43 IF D=0 THEN LC 0,13:? "Y:MATCH!"
50 LC L,H:? CHR$(233)
60 IF L=X AND H=Y THEN ? "GOT IT!":WAIT 30:GOTO
10 ELSE GOTO 20
```

ここで復習《ふくしゅう》をしておきましょう。

10行　ランダムな位置《いち》に金魚を表示《ひょうじ》する。

20行　ポイの位置の入力をする位置を決める。

30行　左からの位置を入力できるようにする。

31～33行　左からの位置について ALMOST《オールモスト》 と MATCH《マッチ》 の判定《はんてい》をする。

40行　上からの位置を入力できるようにする。

41～43行　上からの位置について ALMOST と MATCH の判定をする。

50行　入力した位置にポイを表示する。

60行　つかまえたら次の金魚をすくいにいく。
つかまえていなかったらポイの位置の入力をやり直す。

STEP4 ポイを10個《こ》使ったらゲームオーバーにしよう

金魚を何回すくえたかにかぎらず、ポイを10個《こ》使ったら、ゲームが終わるようにします。金魚の位置を入力するたびに、1つポイを使ったことにします。

```
5 Z=10
10 CLS:X=RND(10):Y=RND(10):LC X,Y:? CHR$(224)
20 LC 0,14
30 INPUT "HIDARI KARA?",L
31 C=ABS(X-L)
32 IF C<3 AND C>0 THEN LC 0,12:? "X:ALMOST!"
33 IF C=0 THEN LC 0,12:? "X:MATCH!"
40 LC 0,15:INPUT "UE KARA?",H
41 D=ABS(Y-H)
42 IF D<3 AND D>0 THEN LC 0,13:? "Y:ALMOST!"
43 IF D=0 THEN LC 0,13:? "Y:MATCH!"
50 LC L,H:? CHR$(233)
55 Z=Z-1
56 LC 0,17:? "NOKORI=";Z:WAIT 180
57 IF Z<1 THEN CLS:? "GAME OVER":END
60 IF L=X AND H=Y THEN ? "GOT IT!":WAIT 30:GOTO
10 ELSE GOTO 20
```

5行

ポイの数をZ《ゼット》とします。最初《さいしょ》は10個でZ = 10です。ゲームをくり返すたびにへらすので10行より前に設定《せってい》します。すべて使って0になったらゲームオーバーにします。

55行

ゲームをくり返す前に、ポイの数を1つへらします。

56行

ポイののこりの数を、3秒、水そうの外に表示させます。

57行

ポイの数であるZが1よりも小さい数、つまり0になったら、「GAME《ゲーム》 OVER《オーバー》」と表示して、END《エンド》コマンドでゲームを終わりにします。

22

画面をいちごでいっぱいにしよう

TRY!

入力したキャラクターやおしたキーの文字で画面をいっぱいにします

画面上のランダムな位置《いち》に、キャラクターを表示《ひょうじ》させます。キーボードをおすと、おした文字や記号が出るようにします。

STEP1

ランダムな位置にキャラクターを表示させよう

10行

CLS《クリアスクリーン》で画面の表示を消します。変数《へんすう》のC《シー》を用意します。Cは、後からキーボードで入力するキャラクターコードの変数として使います。

```
10 CLS:C=0
```

20行

INPUT《インプット》で、Cにキャラクターコードを入力できるようにします。

```
10 CLS:C=0
20 INPUT C
```

30行

LC《ロケイト》で画面全体のどこかにランダムに文字が表示されるようにします。画面の大きさは、横が0から31までの32マス、たてが0から23までの24マスです。今回は横を0から31までの32マス、たてを0から21までの22マス使ってみます。

画面を文字でランダムにおおいつくすので、RND《ランダム》を使って、左からの位置を0から右の31までのどこかに、上からの位置も画面の一番上の0から下の21までのどこかにランダムに表示されるようにします。

```
10 CLS:C=0
20 INPUT C
30 LC RND(32),RND(22)
```

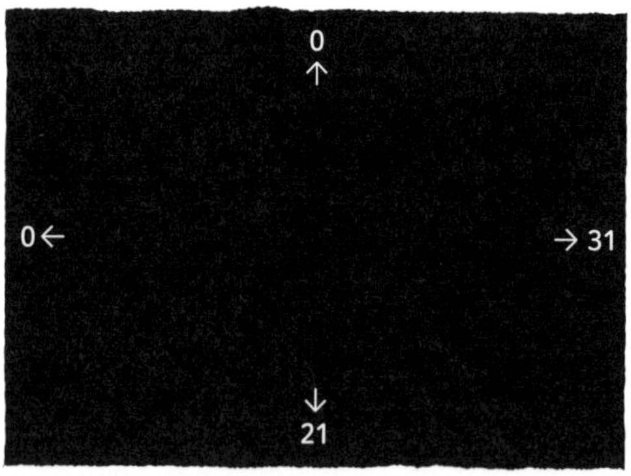

使う画面の大きさが横 0 から 31 ×たて 0 から 21 なので、RND の数字が 32 と 22 になります。

RND(32) は 0 から 31 までの 32 個《こ》の数のなかから 1 つをランダムに返してきて、RND(22) は 0 から 21 までの 22 個の数のなかから 1 つをランダムに返してきます。

```
10 CLS:C=0
20 INPUT C
30 LC RND(32),RND(22)
```

40行

CHR《キャラクター》と？《プリント》で、C をキャラクターコードとするキャラクターを画面に表示させます。1 秒です。

```
10 CLS:C=0
20 INPUT C
30 LC RND(32),RND(22)
40 ? CHR$(C):WAIT 60
50 GOTO 30
```

50行

30 行へもどってくり返します。

ここで RUN《ラン》①で実行してみます。? が表示されたら、その後に数字を入力して、ENTER《エンター》 をおします。

255 を入力すると、いちごが表示されます。

10 行の CLS にはもどしていないので、画面のキャラクターはどんどんふえていきます。

ほかのキャラクターも表示してみよう

キャラクターコード	キャラクター
235	おにぎり
237	宇宙人《うちゅうじん》
238	音符《おんぷ》
249	人間
255	いちご

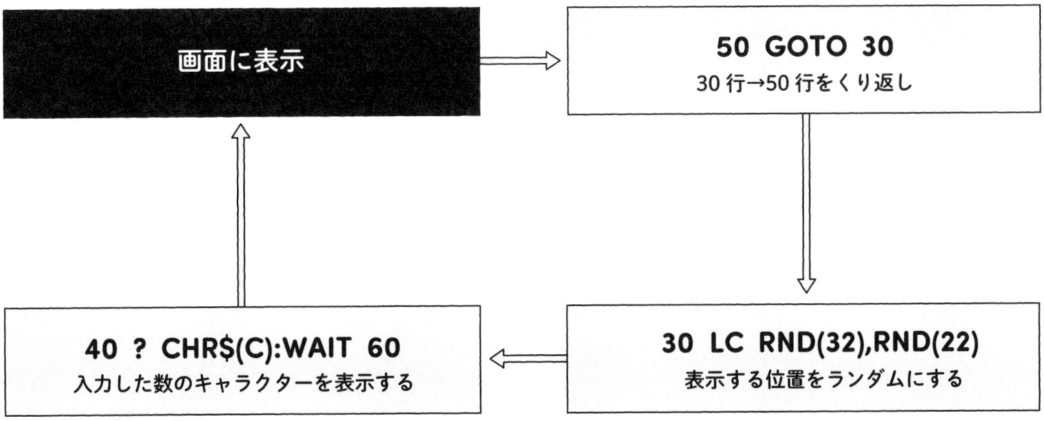

① F5《エフ》 をおすか、RUN と入力して ENTER をおします。

STEP2 入力した文字をランダムな位置《いち》に表示《ひょうじ》させよう

はじめのキャラクターが出つづけているところで、キーボードのキーをおすと、おしたキーの文字や数字が表示《ひょうじ》されるようにします。

45行

```
45 K=INKEY():IF K>0 THEN C=K
```

INKEY《インキー》コマンドは、キーボードでおされたキーのキャラクターコードを返してきます。キーがおされていないときは0を返します。INKEYが返す数を変数《へんすう》K《ケー》におぼえさせます。

Kが0より大きい場合というのは、キーがおされてINKEYが数字を返してきた場合です。Kがキャラクターコード（40行のC《シー》）になります。つまり、おしたキーの文字や数字が表示されます。

```
10 CLS:C=0
20 INPUT C
30 LC RND(32),RND(22)
40 ? CHR$(C):WAIT 60
45 K=INKEY():IF K>0 THEN C=K
50 GOTO 30
```

LIST《リスト》①を実行して、上の図のようになっていたら、RUN《ラン》②で実行してみましょう。止めるときには ESC《エスケープ》 をおします。

TRY! やってみよう！

① 次つぎとキャラクターが変《か》わって表示されるようにしましょう。
表示されるスピードをはやくしましょう。

① F4《エフ》 をおすか、LIST と入力して ENTER《エンター》 をおします。
② F5 をおすか、RUN と入力して ENTER をおします。

TRY! 答え

① LIST でプログラム全体を表示して考えましょう。

```
10 CLS:C=0
20 INPUT C
30 LC RND(32),RND(22)
40 ? CHR$(C):WAIT 60
45 K=INKEY():IF K>0 THEN C=K
50 GOTO 30
```

35 行・40 行

WAIT《ウェイト》の数を変えれば、キャラクターがあらわれるはやさが変わります。

```
40 ? CHR$(C):WAIT 20
```

プログラムをくり返すごとに、キャラクターコードが変わるようにすれば、表示されるものは次つぎと変わっていきます。たとえば 35 行を追《つい》加《か》して INKEY が返してくる数を 1 大きくします。C が変わると、キーボードをおして表示するキャラクターも変わります。

35 行の計算は、足し算だけでなく、引き算やかけ算、割《わ》り算にしてもよいでしょう。

```
10 CLS:C=0
20 INPUT C
30 LC RND(32),RND(22)
35 C=C+1
40 ? CHR$(C):WAIT 20
45 K=INKEY():IF K>0 THEN C=K
50 GOTO 30
```

下は、引き算にしてみたものです。

```
10 CLS:C=0
20 INPUT C
30 LC RND(32),RND(22)
35 C=C-3
40 ? CHR$(C):WAIT 20
45 K=INKEY():IF K>0 THEN C=K
50 GOTO 30
```

23

おにごっこゲームを作ろう

TRY!

おにになってランダムに表示《ひょうじ》される相手をつかまえるゲームを作ります

STEP1

ゲームの内容《ないよう》を考えよう

① 自分がおにです。カーソルキーで動いて、つかまえに行きます。使う画面の大きさ（横 0 から 31 ×たて 1 から 21）のなかで上下左右のわくをこえたら、反対がわにあらわれて追いかけることができるようにします。おにの左からの位置《いち》を変数《へんすう》X《エックス》、上からの位置を変数Y《ワイ》とします。

② つかまえる相手はランダムに画面に表示《ひょうじ》されるようにします。ふつうのおにごっこは、おにがだれかをつかまえたら、おには交代します。しかし今回は、つかまえたら、別《べつ》の 1 人が表示されるようにします。つかまえる相手は動きません。相手の左からの位置を変数 A《エー》、上からの位置を変数 B《ビー》とします。

③ おにが相手をつかまえたときに、2 人は同じ位置にいます。つかまえたら、のこりの数が 1 へって、次の 1 人が画面に表示されます。

④ つかまえる相手の数は変数にして、まずは 5 人ということにします。5 人つかまえたらゲームクリアで終了《しゅうりょう》です。

⑤ プログラムを実行してから、5 人つかまえるまでの時間を表示します。時間は変数 T《ティー》とします。TICK《ティック》 を 60 で割《わ》って、ゲームクリアにかかった時間が秒数で表示されるようにします。一番上の 0 の列に、相手の数と、時間を表示します。

STEP2

ゲームのわくぐみを考えよう

変数

おに（自分）の位置：X（左からの位置），Y（上からの位置）
相手（TARGET《ターゲット》）の位置：A（左からの位置），B（上からの位置）
相手（TARGET）の数：S《エス》
カーソル：K《ケー》

カーソルキーの動き

←がおされると、INKEY《インキー》が 28 を返す。そのときは、変数 X から 1 を引いて左に動く。
左のわくをこえたら（X < 0)、右のわく 31 に移動《いどう》する。

→がおされると、INKEY が 29 を返す。そのときは、変数 X に 1 を足して右に動く。
右のわくをこえたら（X > 31)、左のわく 0 に移動する。

↑がおされると、INKEY が 30 を返す。そのときは、変数 Y から 1 を引いて上に動く。
上のわくをこえたら（Y < 1)、下のわく 21 に移動する。

↓がおされると、INKEY が 31 を返す。そのときは、変数 Y に 1 を足して下に動く。
下のわくをこえたら（Y > 21)、上のわく 1 に移動する。

条件《じょうけん》

おにの位置と相手（TARGET）の位置が同じになったら（X = A AND Y = B)、TARGET の数が 1 へって、次の相手がランダムに画面に表示される。
TARGET がいなくなったら（S = 0)、ゲームクリア。

表示

おに（自分）：@《アットマーク》
相手（TARGET）：O《オー》
相手（TARGET）ののこりの数：S の数
相手（TARGET）をすべてつかまえるまでの時間：TICK を 60 で割《わ》った数

STEP3

変数《へんすう》を決めよう

10行

```
10 CLT:CLS
```

ゲームをはじめると、CLT《クリアティック》で時間を 0 から数えさせて、画面を消します。

11 行

```
11 X=16:Y=13
```

おには、はじめは左から 16、上から 13 の位置《いち》にいることにします。

画面のなかにいればいいので、左からの位置が 0 から 31、上からの位置が 1 から 21 の場所であれば、自由に変《か》えてもいいでしょう。上からの位置が 0 から 21 ではなく、1 から 21 なのは、一番上の 0 の列《れつ》は、相手の数と時間の表示《ひょうじ》に使うからです。

12 行

```
11 X=16:Y=13
12 A=RND(32):B=RND(21)+1
```

つかまえる相手の位置を決めます。左からの位置は 0 から 31 のどこかにランダムに表示させます。RND《ランダム》(32) は、0 から数えて 32 個《こ》の数、つまり 0 から 31 の数のなかからランダムに数を返します。

上からの位置は 1 から 21 のどこかにランダムに表示させます。RND(21) + 1 は、1 から 21 までの数のなかからランダムに数字を返します。

13 行

```
11 X=16:Y=13
12 A=RND(32):B=RND(21)+1
13 S=5
```

つかまえる相手である TARGET《ターゲット》の数は、全部で 5 人とします。

STEP4 おにを動かせるようにしよう

20 ～ 60 行で、おにを動かすカーソルキーの動きを決めます。

```
20 K=INKEY()
30 IF K=28 X=X-1:IF X<0 X=31
40 IF K=29 X=X+1:IF X>31 X=0
50 IF K=30 Y=Y-1:IF Y<1 Y=21
60 IF K=31 Y=Y+1:IF Y>21 Y=1
```

20行

INKEY《インキー》でカーソルキーのキャラクターコードを返させて、K《ケー》におぼえさせます。

30行

INKEYが[←]のキャラクターコード 28 を返すと、変数《へんすう》X《エックス》から 1 を引くので、おには左に動きます。左のわくをこえたら（X < 0)、右のわく 31 へ移動《いどう》します。

40行

INKEYが[→]のキャラクターコード 29 を返すと、変数Xに 1 を足すので、おには右に動きます。右のわくをこえたら（X > 31)、左のわく 0 へ移動します。

50行

INKEYが[↑]のキャラクターコード 30 を返すと、変数Y《ワイ》から 1 を引くので、おには上に動きます。上のわくをこえたら（Y < 1)、下のわく 21 へ移動します。一番上の 0 の列は相手の数と時間の表示に使います。

60行

INKEYが[↓]のキャラクターコード 31 を返すと、変数Yに 1 を足すのでおには下へ動きます。下のわくをこえたら（Y > 21)、上のわく 1 へ移動します。

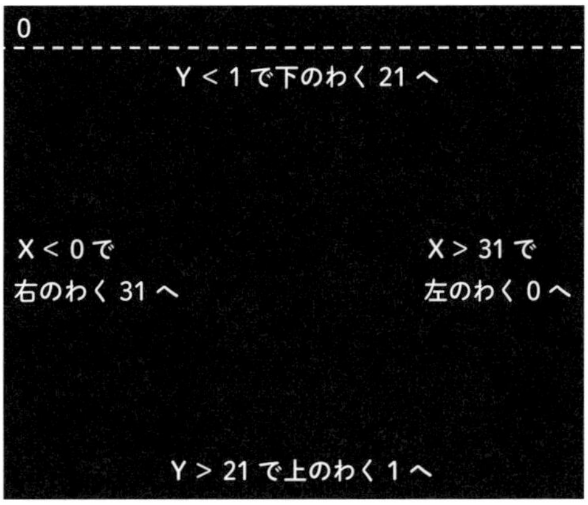

STEP5 おにが相手をつかまえたことを判断《はんだん》させよう

70行

おにが TARGET《ターゲット》 をつかまえたとき（位置《いち》が同じになったとき）に、TARGET の数をへらして、次の相手がランダムに表示《ひょうじ》されます。TARGET とは、標的《ひょうてき》という意味の英語《えいご》です。

```
70 IF X=A AND Y=B S=S-1:A=RND(32):B=RND(21)+1
```

おにの左からの位置 X《エックス》が、相手の左からの位置 A《エー》と同じ（X = A）で、またそのときに、おにの上からの位置 Y《ワイ》が、相手の上からの位置 B《ビー》と同じ（Y = B）かどうかを、ＩＦ《イフ》で判断《はんだん》させます。2 つの条件《じょうけん》のどちらもみたすことを判断させるためには AND《アンド》 を使います。70 行は、もし X = A かつ、Y = B であるなら、つかまえる相手の数 S《エス》 を 1 へらすということです。ＩＦの後の THEN《ゼン》 は省略《しょうりゃく》しています。

そして、次の相手の位置を、RND《ランダム》 を使って決めます。12 行と同じプログラムです。

80行

ゲームのはやさを調整できるようにします。

```
80 WAIT 2
```

STEP6 おにと相手の表示を決めよう

100 行から 130 行でおにと、つかまえる相手、つかまっていないのこりの相手の数、かかった時間を表示します。

100行・110行

おには @《アットマーク》 とします。おにがつかまえる相手は O《オー》 とします。LC《ロケイト》 と変数《へんすう》で表示される位置を決めます。おには点滅《てんめつ》しながら追いかけます。@が表示された後、同じ位置に空白を表示して@を消します。

```
100 LC X,Y:? "@":LC X,Y
:? " "
110 LC A,B:? "O"
120 LC 0,0:? "TARGET:";
S
```

120行

つかまっていない相手の数である S を TARGET：の右に表示します。

STEP7 5人つかまえるまでにかかった時間を表示させよう

130行

```
130 LC 12,0:? "TIME:";TICK()/60
```

左から12、上から0の位置に、つかまえるまでにかかった時間を表示させます。分かりやすいよう、右に「TIME《タイム》：」とつけます。秒単位《たんい》で表示させるために、TICK《ティック》の数を60で割《わ》ります。

STEP8 ゲームクリアさせよう

140行・150行

```
140 IF S=0 END
150 GOTO 20
```

つかまえる相手ののこりの数であるSが0になったら、ゲームクリアです。END《エンド》でプログラムを終了《しゅうりょう》させます。Sが0でなければ、プログラムは終わらずに150行へ進んで20行へもどり、くり返します。入力したら、実行して遊んでみましょう。

```
10 CLT:CLS
11 X=16:Y=13
12 A=RND(32):B=RND(21)+1
13 S=5
20 K=INKEY()
30 IF K=28 X=X-1:IF X<0 X=31
40 IF K=29 X=X+1:IF X>31 X=0
50 IF K=30 Y=Y-1:IF Y<1 Y=21
60 IF K=31 Y=Y+1:IF Y>21 Y=1
70 IF X=A AND Y=B S=S-1:A=RND(32):B=RND(21)+1
80 WAIT 2
100 LC X,Y:? "@":LC X,Y:? " "
110 LC A,B:? "O"
120 LC 0,0:? "TARGET:";S
130 LC 12,0:? "TIME:";TICK()/60
140 IF S=0 END
150 GOTO 20
```

24

くり返しでかけ算をさせよう

TRY!

指定した回数分くり返すコマンドで、かけ算させるプログラムを作ります

STEP1

指定した回数だけくり返しをさせよう

FOR《フォー》、TO《トゥー》、NEXT《ネクスト》を使うと、その間にあるプログラムを決めた回数だけくり返させることができます。それぞれ、FOR は「～のために」「～の間」、TO は「～へ」、NEXT は「次の」という意味の英語《えいご》です。

右のプログラムは、変数《へんすう》の I《アイ》が 0 から 10 になるまでの 11 回、？《プリント》 I ；《セミコロン》をくり返すプログラムです。

？ I ；は、I の数を横にならべて表示《ひょうじ》します。

ENTER《エンター》で実行してみましょう。0 から 10 まで画面に表示されます。

```
FOR I=0 TO 10:? I;:NEXT
```

```
FOR I=0 TO 10:? I;:NEXT
012345678910OK
```

？ I ；

変数 I の数を表示する
くり返すと横に表示する

I = 0 TO 10

I が 0 から 10 になるまでくり返す
（I の数はプログラムをくり返すと 0 から 10 まで大きくなる）

STEP2 記号をならべてかけ算の答えを表示しよう

＊《アスタリスク》をならべてかけ算を表示するプログラムを作ります。たとえば、3 × 5 = 15 ならば、右の図のように表示します。

右の図は、次のように 2 段階《だんかい》のくり返しでできあがります。

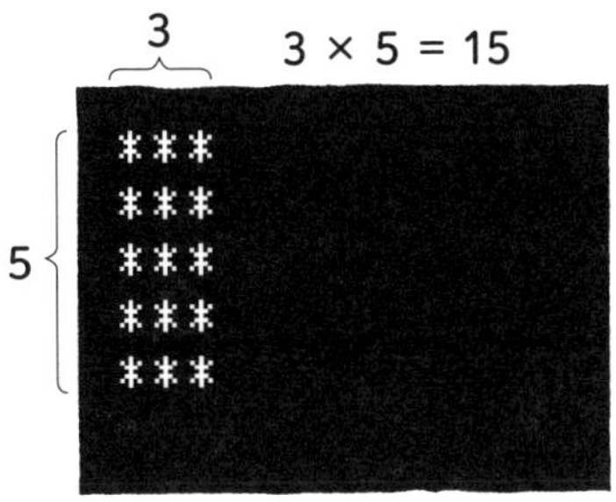

① 3 になるまで＊を横にならべて表示。
② 3 つならんだ＊が、5 になるまでたてにくり返して表示。

STEP3 ＊を横に 3 つならべよう

10行

```
10 FOR I=1 TO 3:? "*";:NEXT
```

FOR と NEXT の間にある「？で＊を表示するプログラム」を 3 回くり返します。

＊の表示を 3 回くりかえすので、変数 I が 1 から 3 になるまでのくり返しとします。＊は記号なので、“ ”《ダブルクウォート》のなかに入力して、？で表示させます。横にならべて表示したいので、；をつけます。実行してみます。

```
10 FOR I=1 TO 3:? "*";:NEXT
RUN
***OK
```

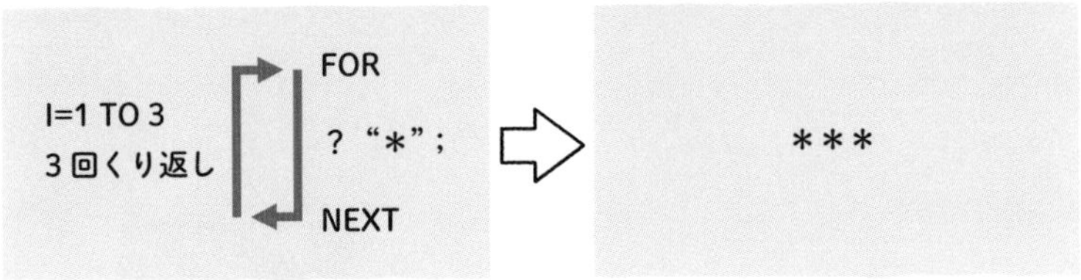

STEP4

2回目のくり返しをさせよう

横に3つ＊をならべた表示《ひょうじ》をくり返して5列《れつ》にします。

```
5 {
***
***
***
***
***
```

```
5 FOR J=1 TO 5:?
10 FOR I=1 TO 3:? "*";:NEXT
15 NEXT
```

5行・15行

10行を5行のFOR《フォー》と15行のNEXT《ネクスト》との間に入力して、指定した回数だけ10行をくり返します。

5行の変数《へんすう》J《ジェイ》が1から5になるまでの、5回です。PRINT《プリント》コマンドはくり返すたびに、改《かい》行《ぎょう》していきます。?《プリント》の後になにも入力しないと、改行するだけになります。

ここで実行してみましょう。

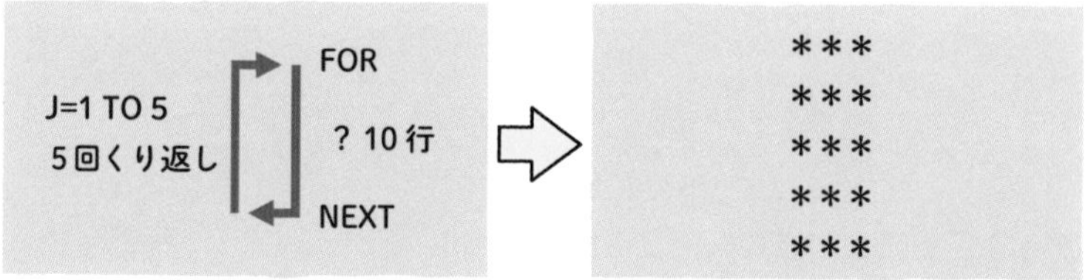

STEP5 後から数を入力できるプログラムを作ろう

3 × 5 だけでなく、さまざまな数でのかけ算ができるように、プログラムを改造《かいぞう》します。

```
5 FOR J=1 TO 5:?
10 FOR I=1 TO 3:? "*";:NEXT
15 NEXT
```

1行・2行

```
1 INPUT A
2 INPUT B
```

1 行と 2 行を追加《ついか》して、A《エー》 × B《ビー》 というかけ算の 2 つの数を、INPUT《インプット》 によって、キーボードから入力できるようにします。

追加したら、LIST《リスト》①でプログラム全体を表示してたしかめて、実行しましょう。

STEP6 キーボードから数を入力してみよう

1 行の INPUT が、？を返してきて、となりのカーソルが点滅《てんめつ》しています。この？は、PRINT《プリント》 の省略形《しょうりゃくけい》ではありません。「A の数はなんですか？」と数の入力を待つ表示です。キーボードからどれか数を入力して、ENTER《エンター》 をおします。

次に 2 行の INPUT によって、「B の数はなんですか？」と点滅するカーソルが表示されます。2 つ目の数をキーボードから入力して、ENTER をおすと、画面に OK《オーケー》 が出てプログラムは終わります。

IchigoJam《イチゴジャム》 は、このときに、キーボードで入力された数を A、B としておぼえています。

```
LIST
1 INPUT A
2 INPUT B
5 FOR J=1 TO 5:?
10 FOR I=1 TO 3:? "*";:NEXT
15 NEXT
OK
RUN
?■
```

① F《エ》4《フ》 をおすか、LIST と入力して ENTER をおします。

STEP7 数字の答えを表示《ひょうじ》させよう

3行

キーボードから入力したA《エー》とB《ビー》のかけ算の答えをC《シー》とします。そして?《プリント》で答えのCを表示《ひょうじ》させます。

RUN《ラン》①でプログラムを実行して8 × 4の計算をさせてみます。数字で答えの32が表示されます。

```
3 C=A*B:? C
```

```
RUN
?8
?4
32

***
***
***
***OK
```

STEP8 *《アスタリスク》の数を計算の結果《けっか》に合わせよう

LIST《リスト》②を実行して、プログラム全体を表示します。AとBの数を*《アスタリスク》で表示させる方法《ほうほう》を考えましょう。

10行

変数《へんすう》I《アイ》が1から3になるまでではなく、1からAになるまでとしましょう。

*がA回くり返されて、横に表示されます。

5行

10行を、Bの回数くり返します。変数J《ジェイ》を、1からBまでとします。

実行して、8 × 4をやってみましょう。

```
1 INPUT A
2 INPUT B
3 C=A*B:? C
5 FOR J=1 TO B:?
10 FOR I=1 TO A:? "*";
:NEXT
15 NEXT
RUN
?8
?4
32

********
********
********
********OK
```

① F5《エフ》をおすか、RUNと入力してENTER《エンター》をおします。
② F4をおすか、LISTと入力してENTERをおします。

STEP9 入力する数字が分かるようにしよう

1回目の？でAを、2回目の？でBをキーボードから入力します。入力をするときに、どちらの数字を入力するのか、分かるようにします。

1行・2行

INPUT《インプット》でAとBを入力できるようにします。

キーボードから入力したAとBのかけ算の答えをCとします。

```
1 INPUT "A=?",A
2 INPUT "B=?",B
3 C=A*B:? C
5 FOR J=1 TO B:?
10 FOR I=1 TO A:? "*";
:NEXT
15 NEXT
```

実行すると右のようになります。

Aの入力だと分かるようになります。

```
RUN
A=?■
```

8×4を実行させましょう。8を入力して、ENTERをおすと、次にBの入力をするように表示されます。

```
RUN
A=?8
B=?■
```

4を入力してENTERをおすと、右の図のように、計算の答えを数字と＊で返してきます。

```
RUN
A=?8
B=?4
32

********
********
********
********OK
```

これで、入力した数のかけ算を数字だけではなく、＊でも、かけ算を表示できるようになりました。

25

二重ループで図形を書こう

TRY!

くり返しのくり返しで正方形を作ります

四角形を横にならべて、1 本の長方形を作ります。その長方形を下にならべて大きな正方形を表示《ひょうじ》します。

STEP1

四角形を表示させよう

長方形を作るための四角形を表示させます。

10 行

```
10 CLS
```

10 行の CLS《クリアスクリーン》で、プログラムを実行したときに画面の表示が消えるようにします。

30 行・40 行

```
10 CLS
30 LC X,6
40 ? CHR$(1)
```

左から 11、上から 6 の位置《いち》から四角形を 10 個《こ》ならべて、長方形を作ります。

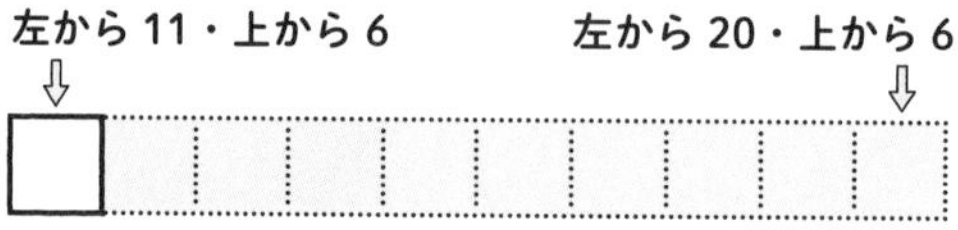

30 行の LC《ロケイト》で四角形の位置を決めます。左からの位置は 11 で、20 までくり返してふやします。11 から 20 までふやす変数《へんすう》を X《エックス》とします。上からの位置は 6 で固定《こてい》します。

30 行で決めた位置に、40 行の ?《プリント》で四角形のキャラクターを表示します。キャラクターコードは 1 です。

STEP2 四角形をならべて長方形を作ろう

STEP1 で画面に出した四角形を横に 10 個《こ》ならべて、長方形をつくります。

20 行・50 行

30 行と 40 行の四角形のキャラクターを表示するプログラムを、20 行の FOR《フォー》 と 50 行の NEXT《ネクスト》 ではさんで、くり返します。横に 10 個ならべて表示して細い長方形にします。

```
10 CLS
20 FOR X=11 TO 20
30 LC X,6
40 ? CHR$(1)
50 NEXT
```

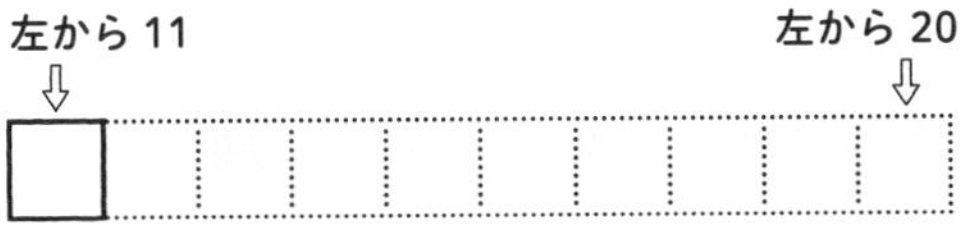

20 行で、左からの位置 X が 11 から 20 になるまでくり返すことを決めます。一度実行してみます。

キャラクターコード 1 の四角形のキャラクターを 10 個くり返してならべて表示することで、細い長方形ができました。

この長方形をあと 9 本、下につなげれば大きな正方形ができます。

STEP3 大きな正方形を作ろう

1 本の線を出すプログラムを、たてに 10 回くり返すプログラムを作ります。

くり返し四角形をならべて長方形を作り、それをくり返して大きな正方形にする、二重のくり返しのプログラムになります。

LIST《リスト》①を実行してプログラムを表示《ひょうじ》しましょう。20行から50行を、FOR《フォー》とNEXT《ネクスト》ではさんでくり返しを10回させます。

今度は、下にくり返させます。

FORくり返しの数は10回

細い長方形をつくるプログラム
20 FOR X=11 TO 20
30 LC X, 6
40 ? CHR$(1)
50 NEXT

NEXT

15行・60行

15行のFORと、60行のNEXTで、20行から50行をはさみます。

15行を作って、FORで上から6の位置《いち》からはじまるY《ワイ》を、10回くり返しをさせます。上から6の位置から、15の位置までループさせます。

60行は、くり返しを終わりにするNEXTです。

```
LIST
10 CLS
20 FOR X=11 TO 20
30 LC X,6
40 ? CHR$(1)
50 NEXT
OK
15 FOR Y=6 TO 15
60 NEXT
```

30行

くり返しのために上からの位置も変《か》えていくので、正方形を表示する位置を、変数《へんすう》Yにします。

LISTを実行すると、プログラムは右の図のようになります。たしかめたら、実行してみましょう。

```
10 CLS
15 FOR Y=6 TO 15
20 FOR X=11 TO 20
30 LC X,Y
40 ? CHR$(1)
50 NEXT
60 NEXT
```

TRY!

やってみよう！

① 40行のCHR《キャラクター》の（　）のなかの数字を、次の数字に変えてみましょう。

4　　42　　156　　236　　237　　238

② 正方形をたてに2倍のばして、たてに長い長方形にしましょう。

① F4《エフ》をおすか、LISTと入力してENTER《エンター》をおします。

TRY!

答え

① 数字を変えて、いろいろなキャラクターを出します。

4：点てん　　42：アスタリスク
156：直角三角形　　236：ねこの顔
237：宇《う》宙《ちゅう》人《じん》　　238：音《おん》符《ぷ》

```
10 CLS
15 FOR Y=6 TO 15
20 FOR X=11 TO 20
30 LC X,Y
40 ? CHR$(236)
50 NEXT
60 NEXT
```

② 正方形のたての長さは10。2倍にのばすので長さを20にします。
15行の、上からの位置を示《しめ》す変数のYを変えて、6から25になるまでくり返させます。実行してみましょう。

```
10 CLS
15 FOR Y=6 TO 25
20 FOR X=11 TO 20
30 LC X,Y
40 ? CHR$(236)
50 NEXT
60 NEXT
```

うまくいきません。
画面のたては0から22までしかないので、はみ出てしまうのです。はみ出ないように、全体を上にあげます。
15行のYを3から22までに変えてみました。

```
10 CLS
15 FOR Y=3 TO 22
20 FOR X=11 TO 20
30 LC X,Y
40 ? CHR$(236)
50 NEXT
60 NEXT
```

26

高速タイピングゲームを作ろう

TRY!

A《エー》からZ《ゼット》まで、できるだけすばやく入力して、時間を表示《ひょうじ》させます

A《エー》からZ《ゼット》までのアルファベットをすばやく順番《じゅんばん》に打っていって、時間をはかるプログラムを作ります。アルファベットのキャラクターコードの数を使います。Aの65からZの90までです。

アルファベットのキャラクターコード

	0	1	2	3	4	5	6	7	8	9
60						A	B	C	D	E
70	F	G	H	I	J	K	L	M	N	O
80	P	Q	R	S	T	U	V	W	X	Y
90	Z									

STEP1

アルファベットを表示《ひょうじ》してみよう

?《プリント》とCHR《キャラクター》[1]を組み合わせて、キャラクターコードを入力して、文字を画面に表示《ひょうじ》させます。

65から90までの数字を入力すると、AからZまでの文字が表示されます。

```
? CHR$(67)
C
```

;《セミコロン》をつけると文字を横にならべて表示させることができます。

```
? CHR$(67);CHR$(68);CH
R$(69)
CDE
```

LC《ロケイト》で、アルファベットを表示させる位置《いち》を指定《してい》します。

```
LC 10,5:? CHR$(67)
```

① CHRの後につける$《ドル》を出すには、SHIFT《シフト》をおしながら、$が書かれたキーをおします。

STEP2 Aを表示させよう

キャラクターコードを使ったアルファベットの表示のやり方を確認《かくにん》したところで、タイピングのプログラムを作ります。NEW《ニュー》②を実行しておぼえているプログラムをわすれさせてから、次のプログラムを入力していきましょう。

10行

N《エヌ》に65という数をおぼえさせます。

プログラムを実行したら、CLT《クリアティック》でTICK《ティック》をクリア、CLS《クリアスクリーン》で画面の表示を消します。

```
10 N=65:CLT:CLS
```

20行

Nに65をおぼえさせたので、？とCHRで、キャラクターコード65のAが表示されます。；をつけて、次の文字をならべて表示します。

```
10 N=65:CLT:CLS
20 ? CHR$(N);
```

STEP3 タイピングをできるようにしよう

表示されたAを見て、Aのキーをおしたら次に進んで、Aではないキーをおしたら進まないよう、判断《はんだん》をさせます。

30行

INKEY《インキー》は、キーボードで入力した文字のキャラクターコードを返します。Aをキーボードで入力すると、65が返されて、10行の65と同じになるので次の40行へ進みます。もしもA以外《いがい》の文字を入力すると、返ってくる数字が65より大きかったり、小さかったりします。その場合は、30行をくり返させて、先に進めないようにします。

```
10 N=65:CLT:CLS
20 ? CHR$(N);
30 IF INKEY()<>N GOTO
30
```

もしもINKEY( )が返す数がNより大きかったり小さかったりしたら

30行へ進む

② NEWと入力して ENTER《エンター》 をおします。

STEP4 合っていたらLED《エルイーディー》が光り、音が出るようにしよう

40行

```
10 N=65:CLT:CLS
20 ? CHR$(N);
30 IF INKEY()<>N GOTO 30
40 LED 1:WAIT 20:LED 0:BEEP
```

20行で表示《ひょうじ》されたA《エー》と同じ文字が入力されたと判断《はんだん》したら、40行に進みます。そのときに、LED《エルイーディー》を光らせ、BEEP《ビープ》で音が出るようにします。実行してみましょう。Aがキーボードから入力されないと、30行にとどまりつづけます。

Aのキャラクターコードは65

INKEY《インキー》が返すキャラクターコードが65 ⇨ 40行へ進める
INKEYが返すキャラクターコード > 65 ⇨ 40行へ進めない
INKEYが返すキャラクターコード < 65 ⇨ 40行へ進めない

50行

```
10 N=65:CLT:CLS
20 ? CHR$(N);
30 IF INKEY()<>N GOTO 30
40 LED 1:WAIT 20:LED 0:BEEP
50 N=N+1:IF N<91 GOTO 20
```

50行でN《エヌ》の数を1大きくします。アルファベットのキャラクターコードのNを1大きくすると、20行へ進んで、次のアルファベットを表示させることができます。

Aの次、B《ビー》のキャラクターコードが66、アルファベットの最後《さいご》のZ《ゼット》のキャラクターコードは90です。

Zの次のキャラクターコードは91で、アルファベットではありません。入力されたアルファベットのキャラクターコードが91よりも小さいときは20行にもどりますが、Nが91になったら次の60行へ進みます。

STEP5 かかった時間を表示させよう

60行

キーボードでZを入力したら、60行に進みます。60行では、TICK《ティック》を60で割《わ》って出した秒数を表示して、AからZまで、何秒で入力できたのか分かるようにします。

20行へもどしているのを、10行にもどしたらどうなるでしょう。キャラクターコードが65になって、CLT《クリアティック》でTICKが0になります。Aだけが表示されつづけることになります。

実行してみましょう。

```
10 N=65:CLT:CLS
20 ? CHR$(N);
30 IF INKEY()<>N GOTO 30
40 LED 1:WAIT 20:LED 0:BEEP
50 N=N+1:IF N<91 GOTO 20
60 ? TICK()/60
```

かかった時間が、アルファベットにつながって表示されています。LC《ロケイト》を使ってちがう行に表示させましょう。

アルファベットは画面の一番上の列に表示されます。上から0行です。上から3行目にかかった時間を表示させます。

```
10 N=65:CLT:CLS
20 ? CHR$(N);
30 IF INKEY()<>N GOTO 30
40 LED 1:WAIT 20:LED 0:BEEP
50 N=N+1:IF N<91 GOTO 20
60 LC 0,3:? TICK()/60
```

これでアルファベットのはや打ちの練習ができます。実行してみましょう。

STEP6　ランダムにアルファベットを表示《ひょうじ》させよう

アルファベットがA《エー》から順番《じゅんばん》に表示《ひょうじ》されるようにしていましたが、今度はランダムに表示させます。キーボードでランダムに20文字を入力したらプログラムを終わらせます。

10行

```
10 N=RND(26)+65:CLT:CLS
```

10行を改造《かいぞう》します。キャラクターコードが65から90までのアルファベット26文字をランダムに表示するので、RND《ランダム》(26) + 65です。RND(26) は、0から25までの26個《こ》の数のなかからランダムに数を返します。65から90までの数を返させたいので、RND(26) に65を足します。①

5行・10行

```
5 CLT:CLS
10 N=RND(26)+65
```

さらに10行を改造します。ランダムに文字を表示させるので、ランダムにキャラクターコードを返すプログラムをくり返します。一方、時間をはかるのでCLT《クリアティック》はくり返しません。画面もプログラムを実行したときだけ表示を消します。プログラムを5行と10行に分けます。

50行

```
5 CLT:CLS
10 N=RND(26)+65
20 ? CHR$(N);
30 IF INKEY()<>N GOTO 30
40 LED 1:WAIT 20:LED 0:BEEP
50 IF N<91 GOTO 10
60 LC 0,3:? TICK()/60
```

キャラクターコードは10行でランダムに返されるので、N《エヌ》を大きくする必要はありません。GOTO《ゴートゥー》で10行へもどします。プログラムをくり返すたびに10行のRNDが65から90までのどれかの数を返します。

ここで実行してみましょう。

① RND(26) で、0から25までの数字が返ってきます。それに65を足すと、65から90までのどれかの数字になります。

STEP7 終わりを決めよう

画面のある位置《いち》に文字が表示されたら、プログラムが終わりになるようにします。

50行・60行

Nが90よりも大きくなることはないので、このままだとプログラムが終わりません。

```
50 IF N<91 GOTO 10
```

SCR《スクリーン》を使って、ランダムに20字を入力したら終わりになるようにします。SCRは、指定した位置にある文字のキャラクターコードを返してきます。画面に文字がないときには0、文字があるときは1以上の数を返してきます。指定の位置に文字があるとき、つまり0より大きい数を返してきたときに、60行に進ませます。

```
NSGRUAEHGSHUEROAFKOA
```

左から19、上から0の位置

左から19、上から0の位置に、文字が表示されていない間はSCRが0を返すので、後のGOTO 10が実行されます。この位置に文字が入力されると、後のプログラムはとばされて、60行へ進みます。

```
50 IF SCR(19,0)=0 GOTO 10
```

60行では、かかった時間を表示して、プログラムを終わらせます。これで完成《かんせい》です。

```
5  CLT:CLS
10 N=RND(26)+65
20 ? CHR$(N);
30 IF INKEY()<>N GOTO 30
40 LED 1:WAIT 20:LED 0:BEEP
50 IF SCR(19,0)=0 GOTO 10
60 LC 0,3:? TICK()/60
```

27

英語《えいご》の数のゲームを作ろう

TRY!

できるだけすばやく、英語《えいご》の数の意味を答えるゲームを作ります

数が英語《えいご》で画面に表示《ひょうじ》されたら、できるだけはやくその数字をキーボードから入力して答えるゲームを作ります。

STEP1 英語をおぼえさせて、ランダムに表示させよう

LET《レット》 コマンドを使って、ならんだ数字のそれぞれに言葉をおぼえさせます。

10行

LET と［ ］で、1 から 5 までの数字に、1、2、3、4、5 を意味する英語の ONE《ワン》、TWO《トゥー》、THREE《スリー》、FOUR《フォー》、FIVE《ファイブ》 の言葉を連続《れんぞく》しておぼえさせます。

```
10 LET[1],"ONE","TWO","THREE","FOUR","FIVE"
```

実際《じっさい》の画面では、1 行におさまらないので改行されます。

LET[1] とすることで、1 から連続する数に ,《カンマ》 の後の文字列を順番《じゅんばん》におぼえさせることができます。

10行の LET のはたらき

連続した数	1	2	3	4	5
おぼえた文字列	ONE	TWO	THREE	FOUR	FIVE

20行

```
10 LET[1],"ONE","TWO","THREE","FOUR","FIVE"
20 N=RND(5)+1
```

N《エヌ》を 1 から 5 までのランダムな数の変数《へんすう》にします。RND《ランダム》(5) は、0 から 5 つの数 0、1、2、3、4 のどれかを返してきます。それに 1 を足すと、1 から 5 が返されます。

30行

STR《ストリング》は文字列を返すコマンドです。$《ドル》をつけて使います。STRで（）のなかの文字列を返してきます。STRは、「ひも・糸」という意味の英語《えいご》のSTRING《ストリング》を省略《しょうりゃく》したものです。STRを使うと、10行で1、2、3、4、5におぼえさせた、文字列ONE、TWO、THREE、FOUR、FIVEを表示できます。

20行で、RNDが1から5のなかからランダムに返してきた1つの数をNにおぼえさせています。30行では、それを?《プリント》で画面に表示します。

RUN《ラン》①で実行すると、ONE、TWO、THREE、FOUR、FIVEのどれかが表示されます。

```
10 LET[1],"ONE","TWO","THREE","FOUR","FIVE"
20 N=RND(5)+1
30 ? STR$([N])
```

STEP2 英語の意味を数字で答えるゲームにしよう

15行

10行と20行の間に15行を作って、次の2つのプログラムをつなげましょう。

```
15 CLS:LC 0,10
```

CLS《クリアスクリーン》で、画面の表示が消えるようにします。
LC《ロケイト》で文字列が表示される位置《いち》を左から0、上から10にします。

① F5《エフ》をおすか、RUNと入力してENTER《エンター》をおします。

40行

キーボードで入力した数字が正解《せいかい》だったときだけ、次に進むようにします。それぞれの数字のキャラクターコードを使います。1から5のキャラクターコードは次の数です。それぞれのキャラクターコードから48を引くと、入力した数字と同じになります。

1のキャラクターコード⇨49	49 − 48 = 1
2のキャラクターコード⇨50	50 − 48 = 2
3のキャラクターコード⇨51	51 − 48 = 3
4のキャラクターコード⇨52	52 − 48 = 4
5のキャラクターコード⇨53	53 − 48 = 5
⇩ INKEY()	⇩ INKEY() − 48

```
40 IF INKEY()-48<>N GOTO 40
```

INKEY《インキー》は、キーボードで入力した数字のキャラクターコードを返してきます。キャラクターコードから48を引いた数が、20行でRND《ランダム》が返した数と同じであれば（大きくも小さくもなければ）、次に進みます。同じでないときには40行をくり返します。

50行

GOTO《ゴートゥー》で15行からのくり返しにします。ESC《エスケープ》でプログラムを止めます。

```
10 LET[1],"ONE","TWO","THREE","FOUR","FIVE"
15 CLS:LC 0,10
20 N=RND(5)+1
30 ? STR$([N])
40 IF INKEY()-48<>N GOTO 40
50 GOTO 15
```

TRY!

やってみよう！

```
10 LET[1],"ONE","TWO","THREE","FOUR","FIVE"
15 CLS:LC 0,10
20 N=RND(5)+1
30 ? STR$([N])
40 IF INKEY()-48<>N GOTO 40
50 GOTO 15
```

① 6から9もできるようにしましょう。英語《えいご》で、6はSIX《シックス》、7はSEVEN《セブン》、8はEIGHT《エイト》、9はNINE《ナイン》です。

② 問題を10回出したら終わりにして、合計タイムが表示《ひょうじ》されるようにしましょう。

TRY!

答え

① 11行をくわえて、数字の6から9に、英語のSIXからNINEをおぼえさせましょう。次のようになります。

```
11 LET[6],"SIX","SEVEN","EIGHT","NINE"
```

20行

20行のRNDの数をふやさないと、6から9が表示されません。RND(9)で、0から8までの数が返ってくるので、それに1を足して、1から9までの数にします。

```
20 N=RND(9)+1
```

② FOR《フォー》と NEXT《ネクスト》を使って、問題を出すことを 10 回くり返します。

14 行

```
14 S=0:FOR I=1 TO 10
```

14 行を作って、合計タイムにする変数《へんすう》の S《エス》を用意します。ここから 10 回くり返すために FOR を入力します。I《アイ》が 1 から 10 になるまで、つまり 10 回くり返します。

15 行

```
15 CLS:LC 0,10:CLT
```

CLT《クリアティック》で TICK《ティック》をクリアして 0 から数えさせます。ここから時間をはかります。

50 行

FOR と NEXT でくり返すので、50 行の GOTO《ゴートゥー》はとります。

60 行

```
60 T=TICK():S=S+T
```

T《ティー》に問題ごとの TICK の数をおぼえさせます。そして S に、問題ごとに T におぼえさせた TICK を足していくことで、すべての問題にかかった時間をおぼえさせます。

70 行

```
70 NEXT
```

FOR と NEXT ではさんだところが、くり返されます。50 行をとるので、15 行から 60 行まで 10 回くり返しとなります。

80行

```
80 LC 0,0:? "TIME:";S/60
```

「10問答えるのにかかった合計タイム」のSを、文字列《もじれつ》の「TIME《タイム》：」とならべて画面に表《ひょう》示《じ》します。秒で表示したいので、Sを60で割《わ》ります。位置《いち》はLC《ロケイト》で左上にします。

LIST《リスト》①を実行して、全体のプログラムを表示して確認《かくにん》しましょう。

```
10 LET[1],"ONE","TWO","THREE","FOUR","FIVE"
11 LET[6],"SIX","SEVEN","EIGHT","NINE"
14 S=0:FOR I=1 TO 10
15 CLS:LC 0,10:CLT
20 N=RND(9)+1
30 ? STR$([N])
40 IF INKEY()-48<>N GOTO 40
60 T=TICK():S=S+T
70 NEXT
80 LC 0,0:? "TIME:";S/60
```

① F4《エフ》をおすか、LISTと入力してENTER《エンター》をおします。

28

IF《イフ》コマンドをへらそう

TRY!

プログラムから IF《イフ》 をへらしてすっきりさせます

IF《イフ》 コマンドをたくさん使うと、IchigoJam《イチゴジャム》 の動きがおそくなってしまうことがあります。論《ろん》理式《りしき》を使うと IF をへらすことができます。論理式というとむずかしそうですが、かっこのなかに条件《じょうけん》となる式を作って、IF のかわりにするプログラムです。

STEP1 カーソルキーで文字を左右に動かすプログラムを作ろう

カーソルキーで、A《エー》 の文字を左右に動かします。まずはこれまでのように、IF を使ったプログラムを作ってみます。

10行

プログラムを実行したら、CLS《クリアスクリーン》 で画面の表《ひょう》示《じ》が消えるようにします。

```
10 CLS
```

20行

変数《へんすう》の X《エックス》 を用意しておきます。X は左からの位置《いち》です。はじめは 10 としておきます。

```
10 CLS
20 X=10
```

30行

LC《ロケイト》 で位置《いち》を決めて、左から X、上から 10 の位置に、A を表示します。

X のはじめの位置は、20 行で左から 10 の位置としています。

下ではなく右どなりに表示していくので、;《セミコロン》 をつけます。

```
10 CLS
20 X=10
30 LC X,10:? "A";
```

```
10 CLS
20 X=10
30 LC X,10:? "A";
40 K=INKEY()
50 IF K=0 THEN GOTO 40
60 LC X,10:? " ";
```

40行

変数K《ケー》に、INKEY《インキー》が返してくる数をおぼえさせます。INKEYは、キーをおした文字のキャラクターコードを返します。キーがおされていなければ、0を返します。

50行・60行

IFを使って、キーがおされたときだけ、次に進むように判断《はんだん》をさせます。キーをおしていなければ、40行のINKEYが0を返すので、GOTO《ゴートゥー》で40行にもどされて、次の行には進みません。キーをおせばKが0ではなくなるので、60行へ進みます。60行では、30行で文字のAを表示させた位置に空白を表示させます。こうすることでAが消えます。

```
70 IF K=28 AND X>0 THEN X=X-1
80 IF K=29 AND X<31 THEN X=X+1
90 GOTO 30
```

70行

左カーソルのキャラクターコードが28なので、[←]がおされたら、Kが28になります。そして左からの位置であるXが0より大きいとき（画面のなかにあるとき）には、Xから1を引きます。これで左に動きます。

80行・90行

右カーソルのキャラクターコードは29なので、[→]がおされたら、Kが29になります。そして右からの位置が31より小さいとき（画面のなかにあるとき）には、Xに1を足します。これで右に動きます。90行のGOTOで30行にもどして、くり返させます。

60行でAの位置に空白が表示された（Aが消えた）あと、IchigoJamは、70行、80行の処理《しょり》を高速《こうそく》で行います。90行まで来ると、また30行にもどりますので、Aが画面に表示されます。Aが画面から消えても、またすぐ表示されるので、人の目には消えているようには見えないのです。

STEP2

論理式《ろんりしき》を使って IF《イフ》 をへらそう

IF《イフ》 を使ってプログラムが書けましたが、ここから IF をへらしていきます。70 行の「K《ケー》が 28 かつ X《エックス》が 0 より大きかったら」という IF のプログラムと、80 行の「K が 29 かつ X が 31 より小さかったら」という IF のプログラムを論理式《ろんりしき》にします。

```
70 IF K=28 AND X>0 THEN X=X-1
80 IF K=29 AND X<31 THEN X=X+1
90 GOTO 30
```

ポイント

論理式の使い方

- ( ) のなかに条件《じょうけん》を入力する。この条件には、K=28、X > 0 などがある。
- ( ) のなかの条件が成《な》り立つとき、論理式は真《しん》であるとし、1 を返す。
- ( ) のなかの条件が成り立たないとき、論理式は偽《ぎ》であるとし、0 を返す。
  - 70 行の IF K=28 AND X>0 → (K=28 AND X>0)
  - 80 行の IF K=29 AND X<31 → (K=29 AND X<31)
- ( ) のなかの条件は、1 つだけのこともある。

上の 70 行と 80 行を論理式を使って書きかえると、下のようになります。

```
70 X=X-(K=28 AND X>0)+(K=29 AND X<31)
```

[←]がおされると、40 行の INKEY《インキー》 が 28 を返してきます。そして、変数《へんすう》X が 0 より大きければ、2 つの条件（K=28 AND X>0）を同時にみたすので、論理式は真であるとして、1 を返してきます。その 1 を変数 X から引くと、左に動きます。

[→]がおされると、40 行の INKEY が 29 を返してきます。そして、変数 X が 31 より小さければ、2 つの条件（K=29 AND X<31）を同時にみたすので、論理は真であるとして、1 を返してきます。その 1 を変数 X に足すと、右に動きます。

論理式が返してくる 1 を使うことで、IF を使った 2 行のプログラムをまとめることができました。

70行がどのような計算になるのか、たしかめましょう。

```
70 X=X-(K=28 AND X>0)+(K=29 AND X<31)
```

■カーソルキーがおされていないとき（Xは変《か》わらないので動かない）

40行のINKEYによってK=0→論理式はどちらも0でX=X−0+0
=X

■←（キャラクターコード28）がおされたとき（Xが小さくなって左に動く）

40行のINKEYによってK=28→論理式は1と0でX=X−1+0
=X−1

■→（キャラクターコード29）がおされたとき（Xが大きくなって右に動く）

40行のINKEYによってK=29→論理式は0と1でX=X−0+1
=X+1

STEP3 プログラムを書きかえて実行しよう

IFのプログラムは50行だけになりました。実行してみましょう。

```
10 CLS
20 X=10
30 LC X,10:? "A";
40 K=INKEY()
50 IF K=0 THEN GOTO 40
60 LC X,10:? " ";
70 X=X-(K=28 AND X>0)+(K=29 AND X<31)
90 GOTO 30
```

29 ジャンプゲームを作ろう

TRY!

ジャンプしてハードルをこえるゲームを作ります

ランダムに表示《ひょうじ》されるハードルを、ジャンプしてのりこえます。ボタンをおすと、自分のキャラクターがジャンプして、地面にもどるようにします。SCROLL《スクロール》コマンドを使うと画面全体を動かすことができます。SCROLL とは、「巻《ま》きものをまく」という意味の英語《えいご》です。巻きものをまくように画面全体を動かしてジャンプをさせます。

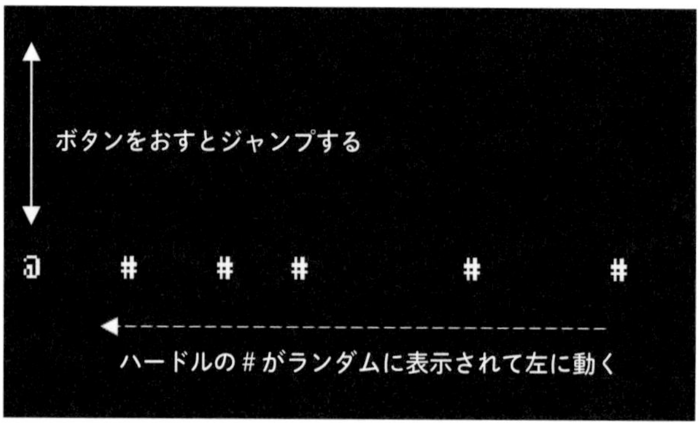

STEP1 自分のキャラクターを表示させよう

10行

```
10 CLS:Y=15:V=0
20 LC 0,Y:? "@"
```

プログラムを実行したら、CLS《クリアスクリーン》で画面の表示が消えるようにします。

画面の上からの位置《いち》である変数《へんすう》Y《ワイ》と、ジャンプで上からの位置を変《か》えるために使う変数V《ブイ》を用意しておきます。上からの位置は、はじめは 15 とします。

20行

@《アットマーク》を自分として、LC《ロケイト》で位置を決めて、?《プリント》で表示します。表示する位置は、画面の左はし（左から 0）で、上からの位置は変数の Y とします。10 行で、Y ははじめは 15 としました。

STEP2 キーボードのキーをおしてジャンプさせよう

なにかキーをおしたら、@がジャンプをするようにします。

30行

```
10 CLS:Y=15:V=0
20 LC 0,Y:? "@"
30 IF Y=15 V=3*(INKEY()>0)
40 Y=Y-V:V=V-1
```

IF《イフ》で「上からの位置であるYが15かどうか」を判断《はんだん》させます。@は、ジャンプをしていないときには、上から15の位置にいます。なので、Y = 15とは、@がジャンプをしていないときをあらわします。

Vは、40行で上からの位置を変えるために、足したり引いたりする変数です。

(INKEY《インキー》( ) > 0)という論理式《ろんりしき》が成《な》り立つとき、1を返すので、それを3倍してVにおぼえさせます。

(INKEY（）>0)の判断

[キーボードのキーがおされていないとき]
INKEYは0を返すので、
V = 3 * 0でV = 0となります。

[キーボードのキーがおされたとき]
キーがおされると、INKEYがそのキーのキャラクターコードを返すので、「INKEY()が0より大きい」となって、1を返します。
V = 3 * 1でV = 3となります。

40行・60行

```
10 CLS:Y=15:V=0
20 LC 0,Y:? "@"
30 IF Y=15 V=3*(INKEY()>0)
40 Y=Y-V:V=V-1
60 GOTO 20
```

60行のGOTO《ゴートゥー》 20でプログラムがくり返されるたびに、40行でV《ブイ》から1引かれます。それにより、上からの高さY《ワイ》の数は次のように変化《へんか》します。

10行で、最初《さいしょ》はYは15としました。

	40行（上からの位置）	40行（Vの大きさ）
⇨キーがおされる	Y − V = 15 − 3 = 12	V − 1 = 3 − 1 = 2
⇨GOTO 20でくり返し	Y − V = 12 − 2 = 10	V − 1 = 2 − 1 = 1
⇨GOTO 20でくり返し	Y − V = 10 − 1 = 9	V − 1 = 1 − 1 = 0
⇨GOTO 20でくり返し	Y − V = 9 − 0 = 9	V − 1 = 0 − 1 = −1
⇨GOTO 20でくり返し	Y − V = 9 − (−1) = 10	V − 1 = −1 − 1 = −2
⇨GOTO 20でくり返し	Y − V = 10 − (−2) = 12	V − 1 = −2 − 1 = −3
⇨GOTO 20でくり返し	Y − V = 12 − (−3) = 15	V − 1 = −3 − 1 = −4

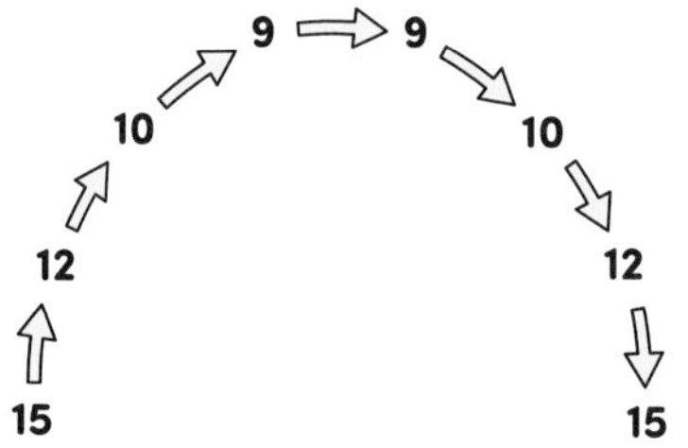

キーをおすと上下に動きつづける

STEP3 引き算だけであがったりさがったりする理由を考えよう

40 行の V = V − 1 のプログラムをくり返すと、@《アットマーク》が上下に動くしくみを考えます。

```
10 CLS:Y=15:V=0
20 LC 0,Y:? "@"
30 IF Y=15 V=3*(INKEY()>0)
40 Y=Y-V:V=V-1
60 GOTO 20
```

Y は@の上からの位置です。Y が小さくなるほど、@は上にいきます。キーをおすと、30 行で V が 3 ＊ 1 = 3 となり、40 行で Y から V を引きます（15 − 3 = 12）。プログラムをくり返すたびに、Y は小さくなって、自分のキャラクター@は上にあがっていきます。

そしてそのまま、Y から V をくり返し引いていくと、今度は Y が大きくなりはじめて、@はさがっていきます。

どうして引かれているのに、さがっていくのでしょうか。プログラムをくり返すと、上からの高さ Y と、引く数 V がどのように変《か》わるのかを表にしてみます。

Y	15	12	10	9	9	10	12
V	3	2	1	0	− 1	− 2	− 3
Y − V	12	10	9	9	10	12	15

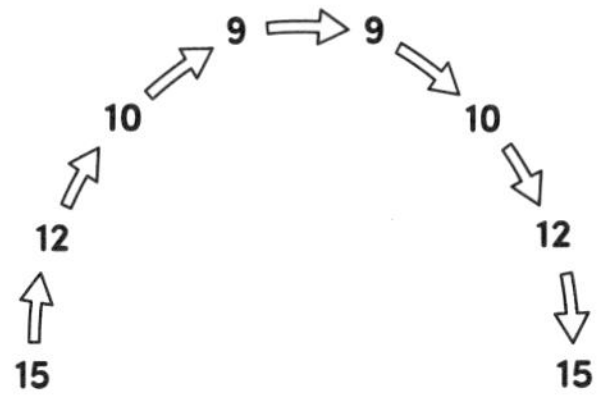

とちゅうから「0 より小さい負《ふ》の数を引く」ことになります。

$9 - (-1) = 9 + 1 = 10$

$10 - (-2) = 10 + 2 = 12$

$12 - (-3) = 12 + 3 = 15$

「0より小さい負《ふ》の数を引く」ことは、「0より大きい数を足す」ことです。そのため、Yは大きくなっていきます。「負の数を引くと、足すことになる」と、かんたんにおぼえておけばよいですが、その1つの説明《せつめい》をしょうかいします。

$$9-(-1)=10$$
$$10-(-2)=12$$
$$12-(-3)=15$$

−《マイナス》は「反対（負の方向）を向いて前に進む」という意味といえます。次の図は0 − 2をあらわしています。

0の位置《いち》から、「反対（負の方向）を向いて前に2進む」と、−2となります。

次の図は、0 − （− 2）をあらわしています。負の数を引くことは「負の方向を向いて、うしろに進む」ということなので、正になります。

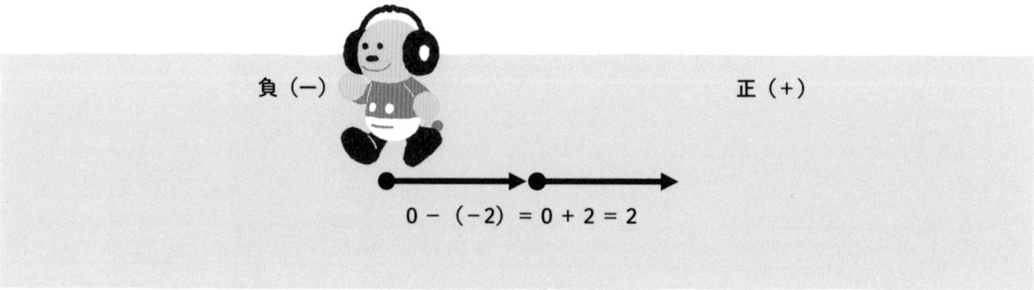

STEP4

画面全体を動かそう

```
10 CLS:Y=15:V=0
20 LC 0,Y:? "@"
30 IF Y=15 V=3*(INKEY()>0)
40 Y=Y-V:V=V-1
60 GOTO 20
```

自分のキャラクター@《アットマーク》の、左からの位置《いち》は20行で0と決めています。30行と40行によって、キーをおすと、@がジャンプします。プログラムをくり返すたびに、画面が左に動いていくようにします。

50行

```
50 SCROLL LEFT
60 GOTO 20
```

50行のSCROLL《スクール》で画面全体を動かします。SCROLL《スクロール》 LEFT《レフト》とします。LEFTとは左という意味の英語《えいご》です。プログラムをくり返すたびに画面が左に動いていきます。それによって、左から0の位置で、@が、次つぎとちがう高さで表示されます。

60行

GOTO《ゴートゥー》 20で、20行にもどってくり返させます。くり返して、どんどん場面を変《か》えることで、@の動きを作ります。ここで実行して、どれでもよいのでキーボードのキーをおしてみましょう。プログラムを止めるときには ESC《エスケープ》 をおします。

```
10 CLS:Y=15:V=0
20 LC 0,Y:? "@"
30 IF Y=15 V=3*(INKEY()>0)
40 Y=Y-V:V=V-1
50 SCROLL LEFT
60 GOTO 20
```

STEP5 ハードルを表示《ひょうじ》させよう

自分がよけるハードルを表示《ひょうじ》させます。ハードルが表示される位置《いち》を決めて、ランダムなタイミングで表示されるようにします。50 行の SCROLL《スクロール》 で画面全体が左に動くので、表示される位置は一定でも、ハードルは左に動きます。ランダムなタイミングで表示されるので、ハードルの間隔《かんかく》もバラバラになります。

25 行

RND《ランダム》 を使って、ランダムなタイミングでハードルを表示させます。RND(10) は、0 から 9 までの 10 個《こ》の数字のどれかを返します。IF《イフ》 で、RND が 0 を返したときに、?《プリント》 でハードルに見立てた記号 #《ハッシュ》 を表示させます。RND にはどんな数字を入力してもいいですが、( ) のなかの数字を小さくすると、0 が出る可能性がふえるので、ハードルがたくさん表示されるようになります。

ハードルを表示する場所は LC《ロケイト》 で指定をします。左から 31 の位置、上からの位置は自分の @《アットマーク》 と同じ 15 の位置とします。

```
25 IF RND(10)=0 LC 31,15:? "#"
```

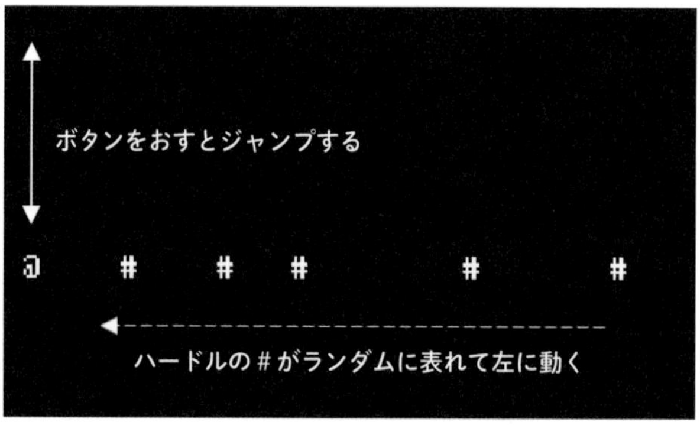

左から 31、上から 15 の位置で、RND が 0 を返したときに # が表示されます。

STEP6 はやさを調整《ちょうせい》しよう

35行

```
35 WAIT 4
```

WAIT《ウェイト》ではやさを決めます。まずは、4にしてみます。この数字を大きくすればおそくなって、小さくすればはやくなります。

STEP7 ハードルとぶつかったら、ゲームオーバーにしよう

37行

```
37 IF SCR(1,Y) END
```

@の右どなりにハードルがきたら、ゲームオーバーとします。@の右どなりの位置は、左から1、上からY《ワイ》の位置です。SCR《スクリーン》は（1, Y）の位置に、#がきたら、#のキャラクターコード84を返してきます。文字がないときには0を返します。

IFは次に来る数が0のときはなにもせずに次の行へ進み、0以外《いがい》のときには、その後の命《めい》令《れい》を実行してくれます。

IFは、0が返るとなにもせずに次の行に進み、0以外が返るとIF以下《いか》の命令を実行する。

@と#がならんでいないとき	SCR(1,Y)は0 → END《エンド》には進まない。
@と#がならんだとき	SCR(1,Y)は84 → ENDに進む。

プログラムが下の図のようになっていることをたしかめたら、RUN《ラン》①で実行して遊んでみましょう。

```
10 CLS:Y=15:V=0
20 LC 0,Y:? "@"
25 IF RND(10)=0 LC 31,15:? "#"
30 IF Y=15 V=3*(INKEY()>0)
35 WAIT 4
37 IF SCR(1,Y) END
40 Y=Y-V:V=V-1
50 SCROLL LEFT
60 GOTO 20
```

① F5《エフ》をおすか、RUNと入力してENTER《エンター》をおします。

30

ジャンプゲームを改造《かいぞう》しよう

TRY!

ジャンプゲームを改造《かいぞう》してプログラムのしくみを復習《ふくしゅう》します

TRY! やってみよう！

前のページまでで作ったジャンプゲームを改造《かいぞう》してみましょう。

```
10 CLS:Y=15:V=0
20 LC 0,Y:? "@"
25 IF RND(10)=0 LC 31,15:? "#"
30 IF Y=15 V=3*(INKEY()>0)
35 WAIT 4
37 IF SCR(1,Y) END
40 Y=Y-V:V=V-1
50 SCROLL LEFT
60 GOTO 20
```

① @《アットマーク》の、左からの位置《いち》を右にずらして、50行のSCROLL《スクロール》の動きをたしかめましょう。

② 25行のRND《ランダム》の数字を変《か》えましょう。

③ ジャンプの大きさを変えましょう。

④ ゲーム全体のはやさを変えましょう。

⑤ ゲームオーバーになるまでの時間を表示《ひょうじ》させましょう。

TRY!

答え

①

@の左からの位置は、20 行の LC《ロケイト》で 0 になっているので、左からの位置を 15 に変えてみましょう。50 行の SCROLL で画面全体が動いていることが分かります。

```
10 CLS:Y=15:V=0
20 LC 15,Y:? "@"
```

ただしこれだと、@がたくさん表示されて、すぐにゲームオーバーになってしまいます。

②

```
10 CLS:Y=15:V=0
20 LC 0,Y:? "@"
25 IF RND(20)=0 LC 31,15:? "#"
```

20 行を 0 にもどします。

25 行の RND《ランダム》( ) の数字を変えると、ハードルのあらわれ方が変わります。20 のときには、0 から 19 までの 20 個《こ》の数字のなかからランダムに数字を返し、0 のときにハードルが表示されます。

数字が大きければハードルがあらわれにくくなって、小さければたくさんあらわれるようになります。

たとえば、RND(20) のときには、プログラムをくり返すたびに、0 から 19 の 20 個の数字のなかからランダムに 0 があらわれます。RND(5) のときには、0 から 4 の 5 個の数字のなかからランダムに 0 があらわれます。確率《かくりつ》であらわすと、次のようになります。

RND(20) のときに、0 があらわれる確率：20 分の 1
RND(5) のときに、0 があらわれる確率：5 分の 1

③

```
10 CLS:Y=15:V=0
20 LC 0,Y:? "@"
25 IF RND(10)=0 LC 31,15:? "#"
30 IF Y=15 V=5*(INKEY()>0)
35 WAIT 4
37 IF SCR(1,Y) END
40 Y=Y-V:V=V-1
50 SCROLL LEFT
60 GOTO 20
```

ジャンプの大きさを変《か》えるためには、@《アットマーク》の上からの位置《いち》であるY《ワイ》から引く数を変えます。引く数を大きくするとジャンプは小さくなって、数を小さくするとジャンプは大きくなります。

Yは10行で決めていて、はじめは15としています。

そして40行で、プログラムをくり返すたびに、YからV《ブイ》が引かれます。

Vの数は、10行ではじめは0としていて、30行でキーがおされると、INKEY《インキー》の論理式《ろんりしき》が成《な》り立つときに返される1を3倍して、3になります。このかける数を変えるとVの大きさが変わります。3から5にしてみます。

VはYから引く数なので、Vが大きくなるとYは小さくなり、Vが小さくなるとYが大きくなります。

Vの数は、40行でプログラムがくり返されるたびに1ずつ小さくなります。このVから引く数1を大きくすると、Yは小さくなります。

30行のVの数を大きくするとジャンプは大きくなって、数字を小さくするとジャンプは小さくなります。Vの数を変えられるところは、30行と40行です。

いろいろな数にしてためしてみると、変化《へんか》が分かりやすいでしょう。

④

```
10 CLS:Y=15:V=0
20 LC 0,Y:? "@"
25 IF RND(10)=0 LC 31,15:? "#"
30 IF Y=15 V=3*(INKEY()>0)
35 WAIT 6
37 IF SCR(1,Y) END
40 Y=Y-V:V=V-1
50 SCROLL LEFT
60 GOTO 20
```

35行のWAIT《ウェイト》の数字を変えると、はやさが変わります。50行などほかの場所にもWAITをつけて、ちがいを見てみましょう。

⑤

```
10 CLT:CLS:Y=15:V=0
20 LC 0,Y:? "@"
25 IF RND(10)=0 LC 31,15:? "#"
30 IF Y=15 V=3*(INKEY()>0)
35 WAIT 6
37 IF SCR(1,Y) ? TICK()/60:END
40 Y=Y-V:V=V-1
50 SCROLL LEFT
60 GOTO 20
```

プログラムを実行したときに、TICK《ティック》を0から数えさせるために、10行にCLT《クリアティック》をつけます。37行のEND《エンド》でプログラムを終わらせる前に、？《プリント》でTICKの数を60で割《わ》った秒数を表示《ひょうじ》させます。

31

サブルーチンを使おう

TRY!

同じプログラムをくり返すのに便利《べんり》なサブルーチンを使います

STEP1

サブルーチンについて知ろう

Ichigo《イチゴ》Jam《ジャム》でプログラムとして使える文字は約《やく》1000文字です。使える文字数に限界《げんかい》があるので、大きなプログラムを作るためには、短く書くくふうが必要《ひつよう》です。

そこで、同じプログラムをくり返すことが多い場合は、部品のプログラムを別《べつ》に用意しておいて、必要な場所でよび出して使います。それがサブルーチンです。副《ふく》プログラムといういい方もあります。メインのプログラム（メインルーチン）と区別《くべつ》するために、行番号を大きくして、プログラムのうしろにおいたりします。

下の図のように、サブルーチンを使うとプログラムを短くすることができて、プログラム全体が見やすくなります。また、くり返させる部品のプログラムを修正《しゅうせい》するときには、サブルーチンを直すだけでいいので便利《べんり》です。

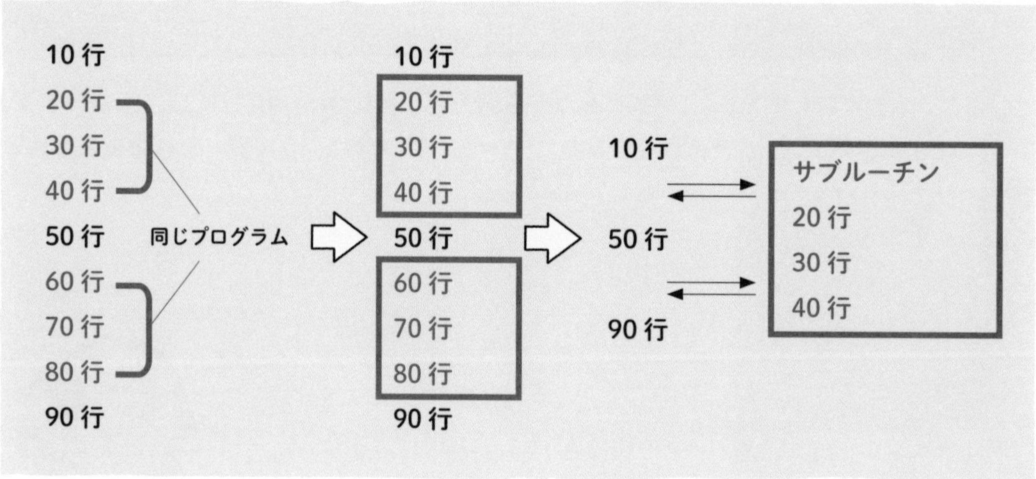

サブルーチンとは、英語《えいご》の SUBROUTINE《サブルーチン》 のことです。ROUTINE《ルーチン》 という英語のもともとの意味は、「手順《てじゅん》」「操作《そうさ》」で、SUB《サブ》 は「かわりの」という意味です。

サブルーチンをよび出すコマンドは、GOSUB《ゴーサブ》 です。GO《ゴー》 は「行く」という意味の英語なので、GOSUB で「かわりの手順に行く」という意味です。

くり返しの部品となるサブルーチンの終わりの行には、RETURN《リターン》 をつけます。リターンとは「帰る」「もどる」という意味の英語です。RETURN をつけたプログラムが、サブルーチンの終わりです。GOSUB をつけた行の次の行へ進みます。

サブルーチンの動きは次のようになります。

サブルーチンは、メインルーチンと分けるために、行番号を大きくすることが多いです。

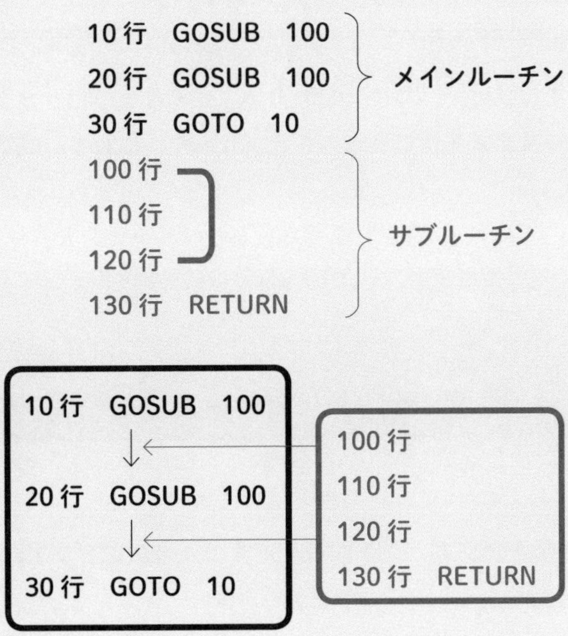

GOSUB《ゴーサブ》には、GSBという省略形《しょうりゃくけい》があり、RETURN《リターン》にはRTNという省略形があります。

10行 GSB 100	}	メインルーチン
20行 GSB 100		
30行 GOTO 10		
100行 ┐	}	サブルーチン
110行 │		
120行 ┘		
130行 RTN		

STEP2 サブルーチンを作ろう

1、2、3、4と数えるたびに、LED《エルイーディー》をつけたり消したりするプログラムを作ります。

1、2、3、4と数字を表示《ひょうじ》するプログラムをサブルーチンにして、LED《エルイーディー》を点滅《てんめつ》させるプログラムの間によび出します。

まずは、100行から130行に、数字を表示させるサブルーチンを作ります。

```
100 FOR I=1 TO 4
110 ? I:WAIT 60
120 NEXT
130 RTN
```

110行

?《プリント》で変数《へんすう》I《アイ》を1秒表示させます。Iは1、2、3、4の4つの数字です。100行で設定《せってい》します。

100行・120行

FOR《フォー》とNEXT《ネクスト》で110行をはさみ、変数のIが1から4になるまで4回くり返します。

130行

RTN《リターン》でGSB《ゴーサブ》の次の行にもどします。

ここまでがサブルーチンです。

STEP3 サブルーチンをよび出そう

10行

LEDを光らせて、100行からはじまるサブルーチンをよび出します。

```
10 LED 1:GSB 100
20 LED 0:GSB 100
30 GOTO 10
```

20行

サブルーチンで4つの数字が表示されたら、20行へもどってきます。20行では、LEDを消してサブルーチンをよび出します。今度は、LEDが消えたまま4つの数字が表示されます。

30行

10行へもどってくり返させます。

LIST《リスト》① でプログラム全体をたしかめて実行しましょう。右の図のようになります。

```
10 LED 1:GSB 100
20 LED 0:GSB 100
30 GOTO 10
100 FOR I=1 TO 4
110 ? I:WAIT 60
120 NEXT
130 RTN
```

STEP4 流れをたしかめよう

上のプログラムは10行と20行にGSBコマンドがあります。プログラムの流れを図にすると、下のようになります。

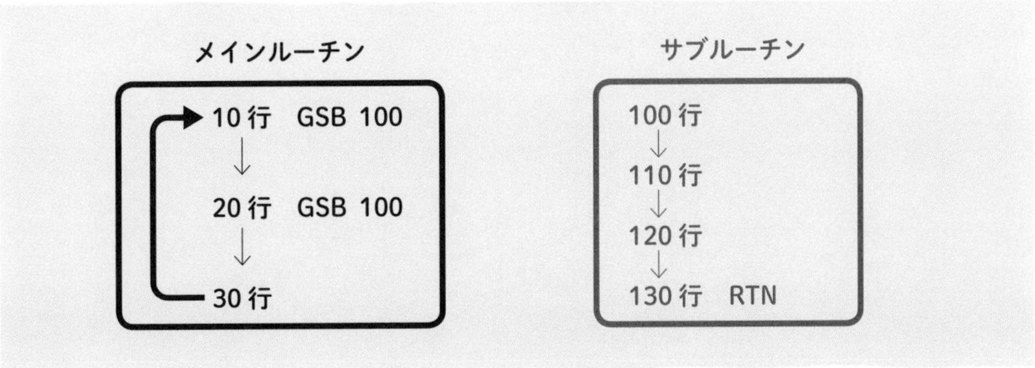

① F4《エフ》をおすか、LISTと入力して ENTER《エンター》 をおします。

32

スカッシュゲームを作ろう

TRY!

かべに当たったボールがはね返るスカッシュゲームを作ります

スカッシュとは、かべに当たってはね返ってくるボールを、ラケットで打ち返すスポーツです。

スカッシュで使うかべは、天じょうと床《ゆか》をのぞいた前後左右のかべですが、これから作るゲームでは、画面の上と左右のかべを使います。画面の下にボールがきたら、ゲームオーバーです。

ゲームを実行したら、ラケットとボールが表示《ひょうじ》されます。最初《さいしょ》、ボールは左上から右下に向かっておりてくるようにします。

スカッシュではプレイヤーは、すべての方向に動きますが、ゲームのラケットの動きは左右だけとします。

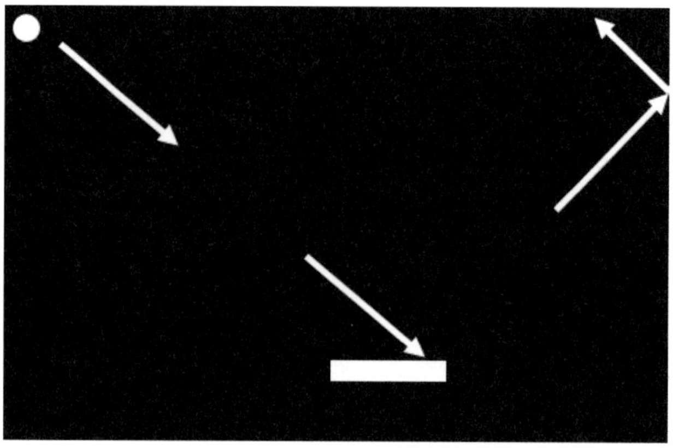

ボールがかべに
当たったら
反対の方向へ進む

ボールが下に落ちたら、ゲームは終わり

STEP1　ゲームのわくぐみを考えよう

① かべは画面のふち。プログラムを実行したら、ラケットとボールの位置《いち》を決めて表示《ひょうじ》します。ボールは画面の左上（左から 0、上から 0 の位置）から右下におりてくるようにします。ラケットもボールも動くので、変数《へんすう》を使って、位置を指定《してい》します。

② ラケットは、正方形のキャラクターをならべます。
ラケットは、左右だけに動くことにします。←で左、→で右に動くようにします。

③ ボールの動きと、ラケットの動きのタイミングが調整《ちょうせい》できるようにします。

④ プログラムがくり返されるたびに、ボールの位置である変数が変《か》わるようにして、ボールが上からおりてくるように動かします。

⑤ ボールがかべに当たったら、反対の方向へはね返るようにします。

⑥ ボールがラケットに当たったら、上に向けてはね返らせます。

⑦ ボールにラケットを当てることができなかったら、ゲームオーバーです。下のかべにボールがふれたら、ゲームを終わらせます。

STEP2 ラケットの位置《いち》を決めよう

5行・10行

```
5 CLV
10 CLS:X=21:Y=18:A=0:B=0:C=1:D=1:T=1
```

ラケットの位置の変数　ボールの表示に使う　タイミングの変数

変数《へんすう》は前回実行したときの数をおぼえているので、すべての変数を0にしたいときは、CLV《クリアバリアブル》コマンドを使います。CLVとは、英語《えいご》のCLEAR《クリア》 VARIABLE《バリアブル》を省略《しょうりゃく》したもので、「変数をクリアする」という意味です。おぼえている変数をすべてリセットしてくれます。

10行のCLS《クリアスクリーン》で画面の表示《ひょうじ》を消します。ラケットの位置《いち》を変数X《エックス》とY《ワイ》で決めます。左からの位置をX、上からの位置をYとします。A《エー》からD《ディー》までの変数は、ボールの表示に使います。ラケットとボールの動きを調整《ちょうせい》するため、タイミングの変数Tを用意しておきます。

20行

```
20 LC X,Y:? CHR$(32,1,1,1,32)
```

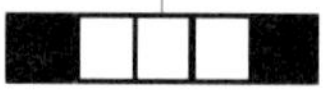

LC《ロケイト》で位置を指定してラケットを表示します。左からの位置はX = 21とします。上からの位置は10行で決めた通りにY = 18の位置とします。

ラケットは、黒い正方形をはしに1つずつと、間に白い正方形を3つならべて作ります。キャラクターコードは、黒い正方形が32、白い正方形が1です。黒い正方形は黒い画面では見えません。なぜ見えない正方形を両はしにつける必要《ひつよう》があるのかは、後で説明《せつめい》をします。

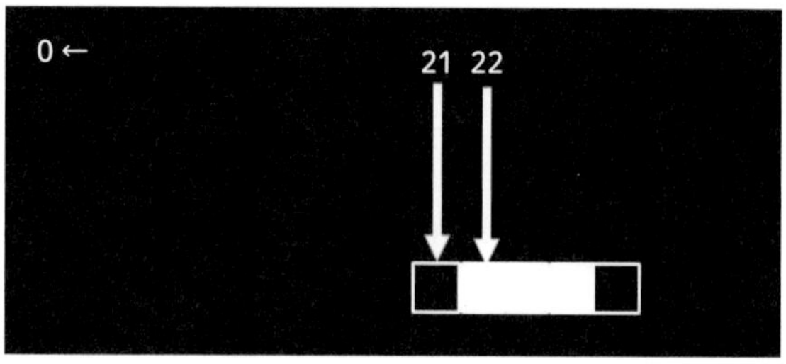

STEP3 ラケットを動かそう

30行

```
30 K=INKEY()
```

INKEY《インキー》が返してくる数を、K《ケー》におぼえさせます。

左右のカーソルキー ← と → を使ってラケットを動かします。INKEYは、← をおすと28を、→ をおすと29を返します。

40行

```
30 K=INKEY()
40 IF K=28 AND X>0 THEN X=X-1
```

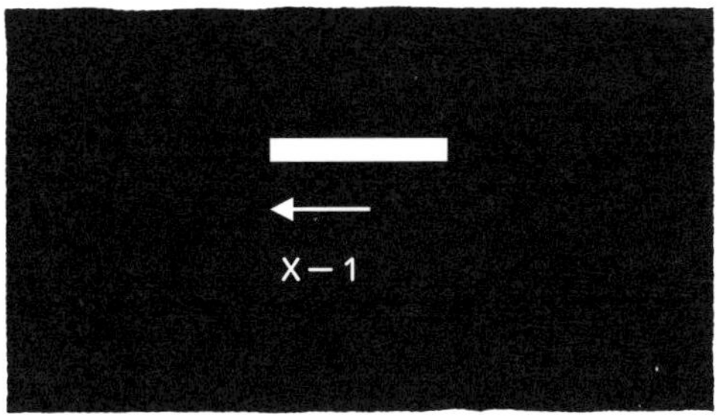

←をおしたときに、ラケットが左に動くようにします。

←がおされると、30行のINKEYが28を返してきます。Kが28のときに、ラケットが画面の左はし（0）から出ていなければ、ラケットの左からの位置であるXから1を引きます。Xの数字が小さくなればラケットは左に動きます。

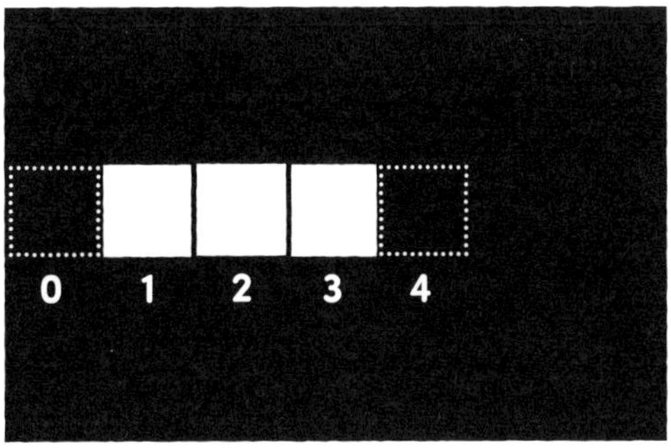

ラケットの左はしには見えない黒い正方形があります。この正方形の左からの位置がXです。40行のIF《イフ》で、Xが0より大きくないと左には動かないようにしているので、見えている白いラケットは画面の一番左までは動きません。

50行

```
30 K=INKEY()
40 IF K=28 AND X>0 THEN X=X-1
50 IF K=29 AND X<27 THEN X=X+1
```

→をおしたときに、ラケットが右に動くようにします。

→がおされると、30行のINKEY《インキー》が29を返してきます。ラケットが画面の右はし（31）から出ていなければ、ラケットの左からの位置《いち》であるX《エックス》に1を足します。Xの数が大きくなればラケットは右に動きます。

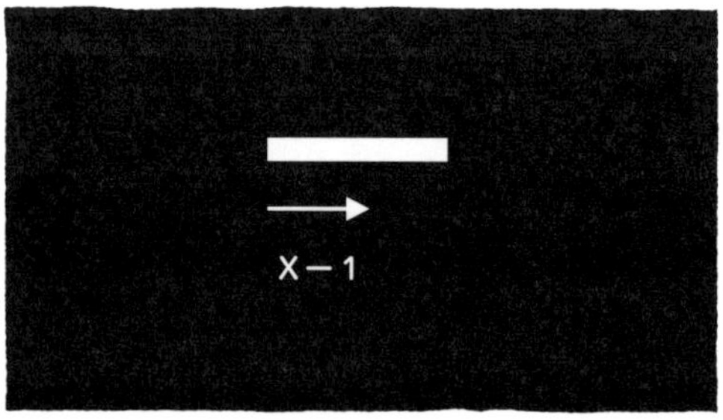

ラケットが画面の一番右にあるときに、ラケットの左はしの位置であるXは27です。なので、Xが27より小さいときに、右に動くことができます。ラケットの右はしにも見えない黒い正方形がついているので、見えている白いラケットは画面の一番右までは動きません。

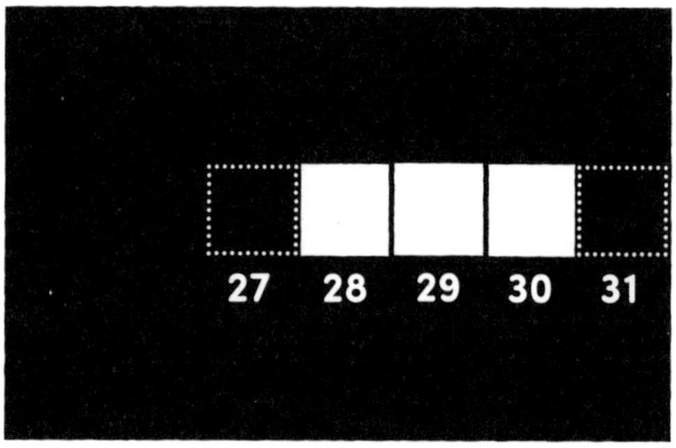

20行で、ラケットの両はしに、キャラクターコード32の黒の正方形をつける理由を説明します。

```
20 LC X,Y:? CHR$(32,1,1,1,32)
```

LIST《リスト》①でここまでのプログラムを表示《ひょうじ》して、いったん60行をGOTO《ゴートゥー》20にします。

```
5 CLV
10 CLS:X=21:Y=18:A=0:B=0:C=1:D=1:T=1
20 LC X,Y:? CHR$(32,1,1,1,32)
30 K=INKEY()
40 IF K=28 AND X>0 THEN X=X-1
50 IF K=29 AND X<27 THEN X=X+1
60 GOTO 20
```

RUN《ラン》②でこのプログラムを実行しましょう。←や→をおすと、ラケットが動きます。次に、ラケットの両はしの黒い正方形を消してから、実行してみましょう。

```
20 LC X,Y:? CHR$(1,1,1)
```

左右のカーソルをおしてみてください。ラケットがのびてしまいます。黒い正方形は、カーソルが動いた分だけカーソルを消しています。そうすることでラケットが動いているように見えるのです。

```
40 IF K=28 AND X>0 THEN X=X-1
50 IF K=29 AND X<27 THEN X=X+1
```

40行と50行を見てみましょう。ラケットは、カーソルをおしたときに、プログラム1回のくり返しで1だけずれて表示されます。キャラクターコード28の左カーソルをおしたときには、左からの位置Xから1を引いて、キャラクターコード29の右カーソルをおしたときには、左からの位置Xに1を足しています。この1だけずれた分を黒い正方形で消しています。

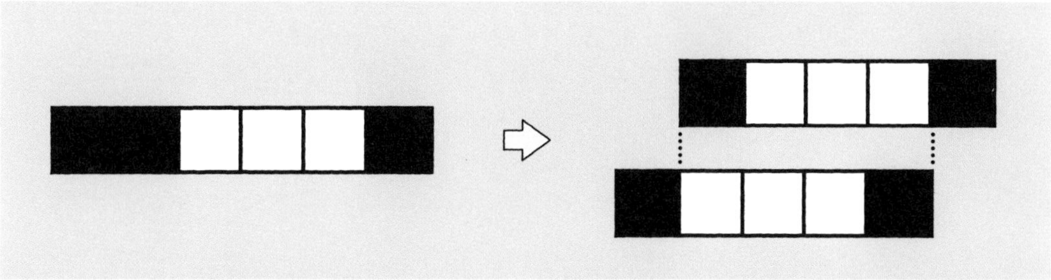

右に1動いたもの　　2つのラケットがかさなって1つに見えている

① F4《エフ》をおすか、LISTと入力して ENTER《エンター》 をおします。
② F5をおすか、RUNと入力して ENTER をおします。

STEP4

ボールが動くタイミングを決めよう

60 行

```
60 T=T+1:IF T%2=0 THEN GOTO 20
```

10 行でT《ティー》をタイミングの変数《へんすう》としました。プログラムが 2 回くり返されるうちに、ボールが 1 回動くようにします。ラケットの動きがボールの動きに追いつけるようにするためです。

プログラムが 1 回くり返されるたびに、T を 1 ずつ大きくします。その T を 2 で割《わ》ってあまりがないとき（あまりが 0 のとき）に 20 行にもどして、ボールを動かす 70 行へは進ませないようにします。%《パーセント》は割り算のあまりを返す記号で、あまりがなければ 0 を返すはたらきを使います。

T は 2、3、4、5、6…と 1 ずつ大きくなるので、T を 2 で割ってあまりがないときは 2 回のうちの 1 回です。これによって、2 回のプログラムのくり返しで 1 回だけボールが動くようになります。

1 回目	T = 1 + 1 = 2	なので	T % 2 = 0	20 行へもどる
2 回目	T = 2 + 1 = 3	なので	T % 2 = 1	70 行へ進む
3 回目	T = 3 + 1 = 4	なので	T % 2 = 0	20 行へもどる
4 回目	T = 4 + 1 = 5	なので	T % 2 = 1	70 行へ進む

T % 3 にすると、どのようなタイミングになるでしょうか？

1 回目	T = 1 + 1 = 2	なので	T % 3 = 2	70 行へ進む
2 回目	T = 2 + 1 = 3	なので	T % 3 = 0	20 行へもどる
3 回目	T = 3 + 1 = 4	なので	T % 3 = 1	70 行へ進む
4 回目	T = 4 + 1 = 5	なので	T % 2 = 2	70 行へ進む

T を 3 で割ってあまりのないときは 3 回に 1 回なので、3 回のプログラムのくり返しで 2 回進みます。T % 2 とくらべて、T % 3 にしたときの方がボールの動きがはやくなります。

STEP5 ボールを動かそう

70行

```
70 LC A,B:? " ";
```

LC《ロケイト》で位置《いち》を決めて、画面左からのボールの距離《きょり》A《エー》と画面上からのボールの距離B《ビー》を決めます。10行でAとBは0としているので、ボールは、はじめは左から0、上から0の位置に表《ひょう》示《じ》されます。そしてAとBの数を変化《へんか》させてボールを動かします。?《プリント》の“　”《ダブルクウォート》のなかにスペースを入力すると、この位置にはなにも表示されません。こうすることで、プログラムをくり返すと、100行でボールとスペースが交互《こうご》に表示されます。ボールが表示された後に黒いスペースがボールを消すことになります。

80行・90行

```
70 LC A,B:? " ";
80 A=A+C
90 B=B+D
```

C《シー》は、Aを変えるための変数で、D《ディー》は、Bを変えるための変数です。

10行でCを1にしたので、プログラムをくり返すたびにAは1大きくなって、ボールは右に動きます。Dも1にしました。プログラムを1回くり返すとBは1大きくなって、1だけボールは下に動きます。右と下に1ずつ動くと、ボールはななめに動きます。

100行

```
100 LC A,B:? CHR$(233);:WAIT 10
```

80行と90行で決まる位置に、ボールを表示します。ボールのキャラクターコードは233です。WAIT《ウェイト》をつけてボールのはやさをコントロールできるようにします。

STEP6 かべに当たったらはね返るようにさせよう

110行

```
80 A=A+C
90 B=B+D
100 LC A,B:? CHR$(233);:WAIT 10
110 IF A=0 OR A=31 THEN C=-C
120 IF B=0 THEN D=-D
```

IF《イフ》を使って、A《エー》 = 0、あるいは、A = 31 のとき、C《シー》を − Cにします。

A = 0のとき、ボールは画面の左はしにあります。そのとき、ボールの左右の動きを反対向きにするため、Cを − Cに変《か》えます。同じように、A = 31 のとき、ボールは画面の右はしにあるので、ボールの動きを反対にするため、Cを − Cにします。

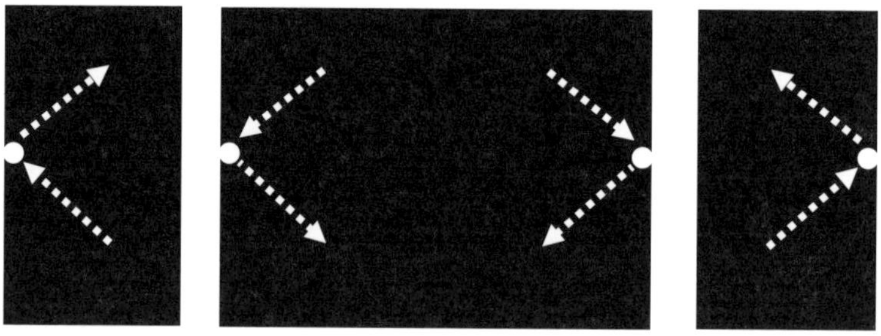

120行

```
120 IF B=0 THEN D=-D
```

ボールが上のかべに当たったら、動く向きが反対になるようにします。考え方は110行と同じです。上からの位置B《ビー》が0になったとき、D《ディー》を − Dにして、ボールの移動《いどう》を反対向きにしてはね返らせます。

STEP7 ラケットに当たったかどうかを判定《はんてい》させよう

130行

```
130 IF (B=Y-1 OR B=Y) AND (A>=X+1 AND A<=X+3) THEN
D=-1
```

高さの判定　　左右の判定

ラケットにボールが当たったことを判定《はんてい》させます。

ラケットにボールが当たっているのは、ボールの高さがラケットと同じか、ラケットの1つ上で（B ＝ Y《ワイ》 − 1 OR B ＝ Y）、ボールの左からの位置がラケットの白い部分と同じ（A ≧ X《エックス》 ＋ 1 AND A ≦ X ＋ 3）のときとします。

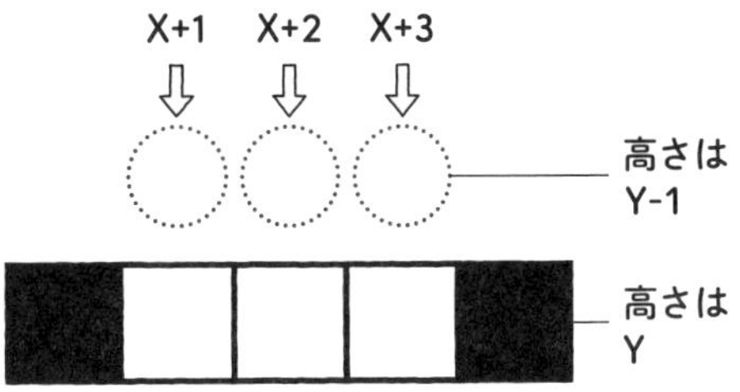

130行には、2つの条件《じょうけん》をふくんだ2つの論理式《ろんりしき》で判断《はんだん》をさせています。論理式は成《な》り立つと1を返します。IF《イフ》は1のときに、THEN《ゼン》の後のプログラムへ進みます。

```
(B=Y-1 OR B=Y)
```

1つ目の高さの論理式は、ボールの上からの位置であるBが、ラケットの上からの位置であるYの1つ上か、あるいは同じ位置にきたら1を返します。

OR《オア》はどちらかの式が成り立てば1を返します。

```
(A>=X+1 AND A<=X+3)
```

2つ目の左右の論理式は、ボールの左からの位置であるAが、ラケットと同じ位置なら1を返します。ラケットの左からの位置は、X＋1からX＋3までです。

AND《アンド》は、どちらの式も成り立つときに1を返します。

130 行の 2 つの論理式《ろんりしき》が両方とも 1 を返せば、AND《アンド》 は 1 を返します。130 行は次の意味になります。

IF 1 AND 1 THEN D = − 1	⇨	IF 1 THEN D = − 1

IF《イフ》 は 0 のときに次のプログラムに進ませずに、1 のときに次のプログラムに進ませるので、2 つの論理式が成《な》り立つときに、THEN《ゼン》 の後のプログラム D《ディー》 = − 1 へ進みます。

STEP8 ボールをはね返そう

2 つの論理式が成り立つと、THEN の後のプログラム D = − 1 で、プログラムがくり返されるたびに、ラケットに当たったボールは反対の方向へ進みます。

90 行で、ボールの上からの位置《いち》B《ビー》にDが足されていました。

```
80  A=A+C
90  B=B+D
```

上からの位置のBが大きくなるとボールは下に動きます。

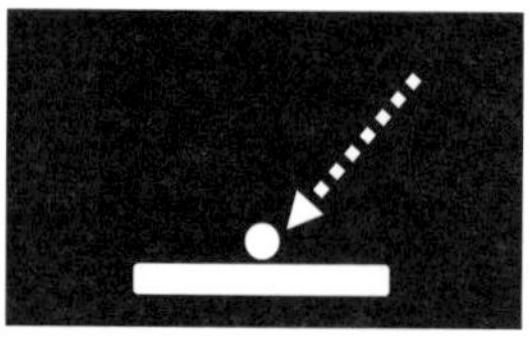
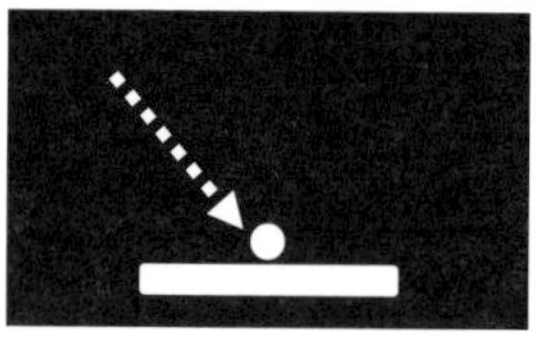

130 行の THEN の後の D = − 1 によって、B からDが引かれます。上からの位置Bが小さくなると、ボールは上に動くようになります。

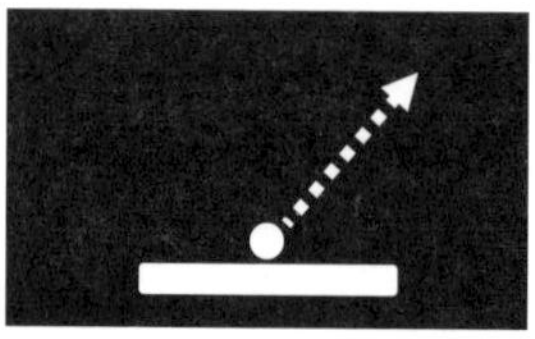

STEP9 ゲームオーバーにさせよう

ラケットにボールが当たらず落ちてしまったら、ゲームオーバーにします。

```
140 IF B<19 THEN GOTO 20
150 LC 11,9:? "GAME OVER"
```

140 行

ボールが画面の下まで移動《いどう》したかどうかを調べます。

ラケットの上からの位置Y《ワイ》は、10 行で 18 としました。ボールの上からの位置である B が 18 以下《いか》であれば、20 行へもどってゲームをつづけます。

B が 18 より大きくなったら、ラケットの下にあるので、150 行へ進んで、終了《しゅうりょう》します。

150 行

画面のほぼ中央《ちゅうおう》の左から 11、上から 9 の位置に、GAME《ゲーム》 OVER《オーバー》 と表示《ひょうじ》して終わりにします。

これで完成《かんせい》です。LIST《リスト》①でプログラム全体を表示すると下のようになります。

```
5 CLV
10 CLS:X=21:Y=18:A=0:B=0:C=1:D=1:T=1
20 LC X,Y:? CHR$(32,1,1,1,32)
30 K=INKEY()
40 IF K=28 AND X>0 THEN X=X-1
50 IF K=29 AND X<27 THEN X=X+1
60 T=T+1:IF T%2=0 THEN GOTO 20
70 LC A,B:? " ";
80 A=A+C
90 B=B+D
100 LC A,B:? CHR$(233);:WAIT 10
110 IF A=0 OR A=31 THEN C=-C
120 IF B=0 THEN D=-D
130 IF (B=Y-1 OR B=Y) AND (A>=X+1 AND A<=X+3) THEN
D=-1
140 IF B<19 THEN GOTO 20
150 LC 11,9:? "GAME OVER"
```


① F4《エフ》をおすか、LIST と入力して ENTER をおします。

33

スカッシュゲームを改造《かいぞう》しよう

TRY!

スカッシュゲームを改造《かいぞう》して復習《ふくしゅう》します

TRY!

やってみよう！

P. 142「32 スカッシュゲームを作ろう」で作ったゲームを改造《かいぞう》してみましょう。

```
5 CLV
10 CLS:X=21:Y=18:A=0:B=0:C=1:D=1:T=1
20 LC X,Y:? CHR$(32,1,1,1,32)
30 K=INKEY()
40 IF K=28 AND X>0 THEN X=X-1
50 IF K=29 AND X<27 THEN X=X+1
60 T=T+1:IF T%2=0 THEN GOTO 20
70 LC A,B:? " ";
80 A=A+C
90 B=B+D
100 LC A,B:? CHR$(233);:WAIT 10
110 IF A=0 OR A=31 THEN C=-C
120 IF B=0 THEN D=-D
130 IF (B=Y-1 OR B=Y) AND (A>=X+1 AND A<=X+3) THEN
D=-1
140 IF B<19 THEN GOTO 20
150 LC 11,9:? "GAME OVER"
```

① 70 行で、ボールの位置《いち》に黒いスペースを表示《ひょうじ》する理由を考えましょう。黒いスペースを表示しなかったらどうなるのか予想してから、スペースをとって実行してみましょう。

② ボールを落とした回数をボールの位置に表示させましょう。ボールを 5 回落としたらゲームオーバーにします。

TRY!

答え

①

```
70 LC A,B:? " ";
80 A=A+C
90 B=B+D
100 LC A,B:? CHR$(233):WAIT 10
```

100 行でキャラクターコード 233 のボールを表示して、プログラムをくり返したら 70 行でボールの位置に黒いスペースが表示されて、80 行と 90 行でボールの位置が変《か》わって 100 行でまたボールが表示されます。

このくり返しで、70 行の黒いスペースはボールを消しています。70 行の黒いスペースを表示しないと、動きにそってずっとボールが表示されることになります。“ ”《ダブルクウォート》のなかのスペースをとって実行してみましょう。

② 145 行を追加《ついか》し、終わりにするかどうかを判定《はんてい》する 150 行を改造します。変数 Z《ゼット》 を使います。

```
10 CLS:X=21:Y=18:A=0:B=0:C=1:D=1:T=1:Z=0
```

```
140 IF B<19 THEN GOTO 20
145 Z=Z+1
150 IF Z>4 THEN LC 11,9:? "GAME OVER" ELSE LC A,B:
? Z:WAIT 30 GOTO 10
```

10 行　ボールを落とした回数を Z とします。10 行で Z を 0 とします。

145 行

145 行に来るたびに Z を 1 大きくします。ゲームがつづいていれば、140 行で 20 行にもどるので、プログラムが 145 行に来るのは、ボールを落としてしまったときです。

150 行

Z が 4 より大きくなったら、画面の中央《ちゅうおう》に GAME《ゲーム》 OVER《オーバー》 と表示します。次のプログラムはないので、ここで終わりです。Z が 4 回までのときは、ボールの位置に Z の数を表示した後、10 行へもどして、ゲームを再開《さいかい》します。5 行の CLV《クリアバリアブル》 に戻してしまうと、変数 Z が 0 にもどってしまうのでゲームが終わらなくなります。

D《ディー》N《エヌ》A《エー》を作ろう

TRY!

サブルーチンを使ってDNA《ディーエヌエー》の二重《にじゅう》らせんをえがきます

動物も植物も、ある意味では、プログラムによって作られ、動いているといえるかもしれません。

動物や植物の体は、細胞《さいぼう》というごく小さな組《そ》織《しき》が集まってできています。その細胞のなかの核《かく》という部分に、染色体《せんしょくたい》というひも状《じょう》のものがあります。この染色体にふくまれるDNA《ディーエヌエー》という物質《ぶっしつ》が、細胞にとってのプログラムです。①

DNAは、4種類《しゅるい》の塩基《えんき》という物質がむすびついて、らせんの形のくさりになっています。4つの塩基の組み合わせが生物を構成《こうせい》するためのプログラムとなっています。

4つの塩基は、

アデニン / ADENINE
グアニン / GUANINE
シトシン / CYTOSINE
チミン / THYMINE

という名前です。それぞれA《エー》、G《ジー》、C《シー》、T《ティー》という文字であらわします。

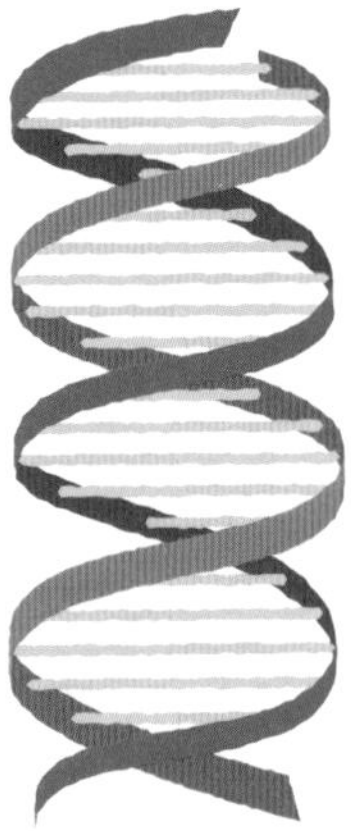

アデニン（A）にはかならずチミン（T）が、グアニン（G）にはかならずシトシン（C）が対応するようになっています。

人間の体のなかに約《やく》30億個《おくこ》もあるこの組み合わせは、人体の設計図《せっけいず》のようなものです。

らせんをえがくDNAがどんどん勝手《かって》に表示《ひょうじ》されるプログラムを作ります。

① 細胞>核>染色体>DNAという構造《こうぞう》になっています。

STEP1　4つの文字をランダムに表示させよう

AGCTの4つの塩基のランダムな配列《はいれつ》を、サブルーチンを使って作りましょう。

10行

4つの塩基を変数《へんすう》D《ディー》とします。RND《ランダム》で、4つの塩基をランダムに割《わ》りあてます。RND（4）とするとRNDは、0、1、2、3の4つの数字をランダムに返してきます。その数字をDにおぼえさせます。

```
10 D=RND(4)
```

100～140行

100行から140行をサブルーチンとして、先に作っておきましょう。Dは0から3の4つの数字のどれかです。IF《イフ》で、4つの数字に4つの塩基であるAGCTを割りあてます。

```
10 D=RND(4)
100 IF D=0 ?"A"
110 IF D=1 ?"G"
120 IF D=2 ?"C"
130 IF D=3 ?"T"
140 RTN
```

100行　D=0なら　Aを表示させる。
110行　D=1なら　Gを表示させる。
120行　D=2なら　Cを表示させる。
130行　D=3なら　Tを表示させる。
140行　RTN《リターン》でGSB《ゴーサブ》の次の行にもどる。

4つの塩基の記号
アデニン/ADENINE　→A
グアニン/GUANINE　→G
シトシン/CYTOSINE→C
チミン/THYMINE　→T

20行

GSB《ゴーサブ》で、100行から140行までのサブルーチンをよび出します。よび出して、サブルーチンを実行させて、A《エー》、G《ジー》、C《シー》、T《ティー》のどれかを表示《ひょうじ》させます。

そして10行にもどします。

ここでRUN《ラン》①で実行してみましょう。AGCT《エージーシーティー》のどれかをランダムに表示しつづけます。

ESC《エスケープ》でプログラムを止めましょう。

```
10 D=RND(4)
100 IF D=0 ?"A"
110 IF D=1 ?"G"
120 IF D=2 ?"C"
130 IF D=3 ?"T"
140 RTN
20 GSB 100:GOTO 10
```

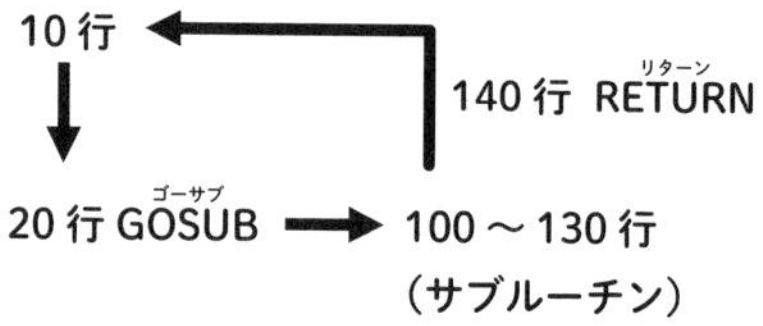

STEP2 らせんの形を作ろう

らせんを作ります。DNA《ディーエヌエー》は2本のらせんになっていて、2本のらせんは4種類《しゅるい》の塩基《えんき》のうち、2つの塩基の組み合わせによって形作られています。

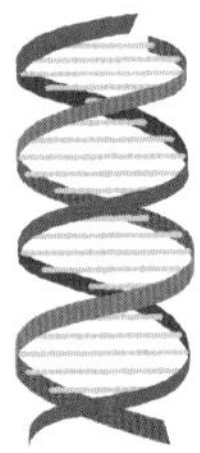

5行・20行

変数《へんすう》を決めます。X《エックス》はランダムで割《わ》りあてられるA、G、C、Tの左からの位置《いち》です。V《ブイ》はXを変化《へんか》させるための数です。

らせんをえがくように変化させます。R《アール》は変化させる数の変化の大きさで、はじめは1ふやすようにします。

また、プログラムを実行したときに、画面の表示が消えるようにCLS《クリアスクリーン》を使います。20行で、Vを使ってXを変化させます。

```
5 X=-7:V=0:R=1:CLS
20 V=V+R:X=X+V
```

① F5《エフ》をおすか、RUNと入力してENTER《エンター》をおします。

```
5 X=-7:V=0:R=1:CLS
20 V=V+R:X=X+V
```

5行で0としたVが、20行でRの数だけ大きくなっていきます。

Rは5行で1としているので、Vはくり返されるたびに1ずつ大きくなります。

5行で0より小さい－7にしたXは、1ずつ大きくなるVの数の分だけ大きくなっていきます。

```
5 X=-7:V=0:R=1:CLS
```

```
20 V=V+R:X=X+V
```

V=V+R：VがRずつ大きくなる

X=X+V：XがVずつ大きくなる

プログラムがくり返されると20行でVの数が変《か》わり、Vの数が変わるとともにXの数が変わります。

20行のくり返しによるVとXの変化

V＝V＋R

20行のVは5行で決めたR=1によって1ずつ大きくなることがくり返される。

0＋1，1＋1，2＋1，3＋1，…

1　2　3　4　…

X＝X＋V

20行のXは「1ずつ大きくなるVの数」だけ大きくなり、それがくり返される。

−7＋1，−6＋2，−4＋3，−1＋4，…

−6　−4　−1　3　…

30行

10行にもどってプログラムがくり返されるたびに、X《エックス》が大きくなっていきます。Xが0より大きくなったときにR《アール》を－1にします。Rは下の表のように変化《へんか》します。

```
5  X=-7:V=0:R=1:CLS
20 V=V+R:X=X+V
30 R=1:IF X>0 R=-1
```

20行のXの変化と30行によるRの変化

V	0	1	2	3	4	3	2	1	0	-1	-2	-3	-4	-3	-2	-1	0	…
X	-7	-6	-4	-1	3	6	8	9	9	8	6	3	-1	-4	-6	-7	-7	…
R	1	1	1	1	-1	-1	-1	-1	-1	-1	-1	-1	1	1	1	1	1	…

Xの数を図にすると右のようになります。この数を使って、らせんを作ります。

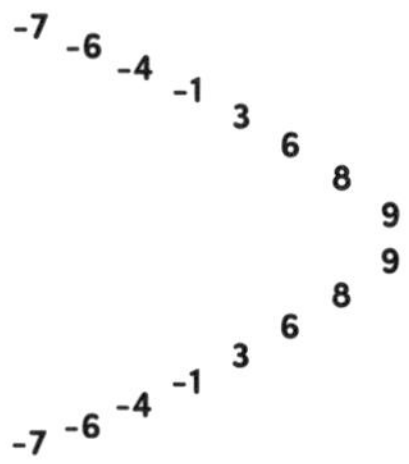

STEP3

1つ目のらせんを作ろう

40行

左からの位置《いち》16にXを足して、らせんをえがくように表示《ひょうじ》させます。次のような数のならびになります。

```
5  X=-7:V=0:R=1:CLS
20 V=V+R:X=X+V
30 R=1:IF X>0 R=-1
40 LC 16+X,23
```

Xの数のならび方	-7	-6	-4	-1	3	6	8	9	9	8	6	3	-1	…
16 + Xの数のならび方	9	10	12	15	19	22	24	25	25	24	22	19	15	…

16 + Xの数は、上から23の位置に、連続《れんぞく》して表示されるので右のような形を作ります。

このならびがくり返されて、らせんの形になります。

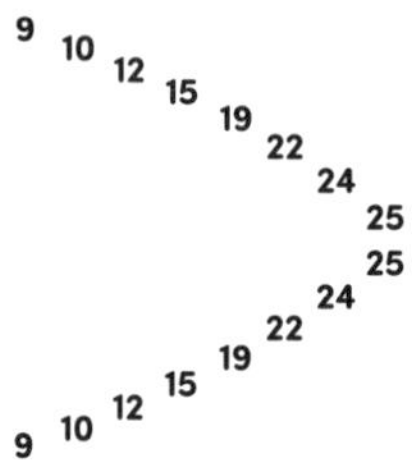

50行

4つの塩基《えんき》のどれかをランダムに表示するサブルーチンをよび出します。

40行で決めた位置に、らせんをえがくようにAGCT《エージーシーティー》が表示されます。

```
50 GSB 100
```

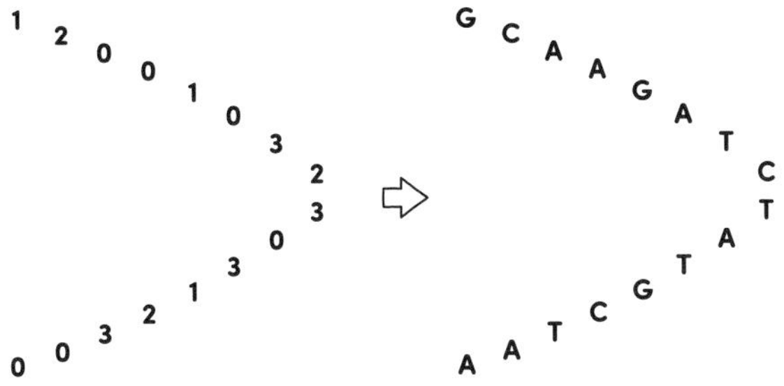

STEP4　2つ目のらせんを表示させよう

60行

4つの塩基は、それぞれむすびつく相手の塩基が決まっています。アデニン（A）はチミン（T）と、グアニン（G）はシトシン（C）としかむすびつきません。

```
60 D=3-D
```

1本目のらせんにランダムに表示される4種類《しゅるい》の塩基が、決まった相手の塩基とむすびつくようにするために、2本目のらせんには、1本目のらせんのD《ディー》を3から引いた数の塩基が表示されるようにします。

1本目のらせんの塩基D（ランダム表示）	0（A）	1（G）	2（C）	3（T）
	↑↓	↑↓	↑↓	↑↓
2本目のらせんの塩基3－D	3（T）	2（C）	1（G）	0（A）

こうすることで、Dが0から3のどの数字であっても、AとT、GとCの組み合わせになります。

70 行

1 本目のらせんと対称《たいしょう》の位置《いち》に 2 本目のらせんを表示《ひょうじ》させます。1 本目のらせんは、左から 16 の位置に X《エックス》 を足したので、2 本目のらせんは 16 から X を引いた位置に表示させます。

```
70 LC 16-X,23
```

X	-7	-6	-4	-1	3	6	8	9	9	8	6	3	-1	…
16 + X	9	10	12	15	19	22	24	25	25	24	22	19	15	…
16 − X	23	22	20	17	13	10	8	7	7	8	10	13	17	…

この 2 本のらせんを組み合わせると二重らせんになります。

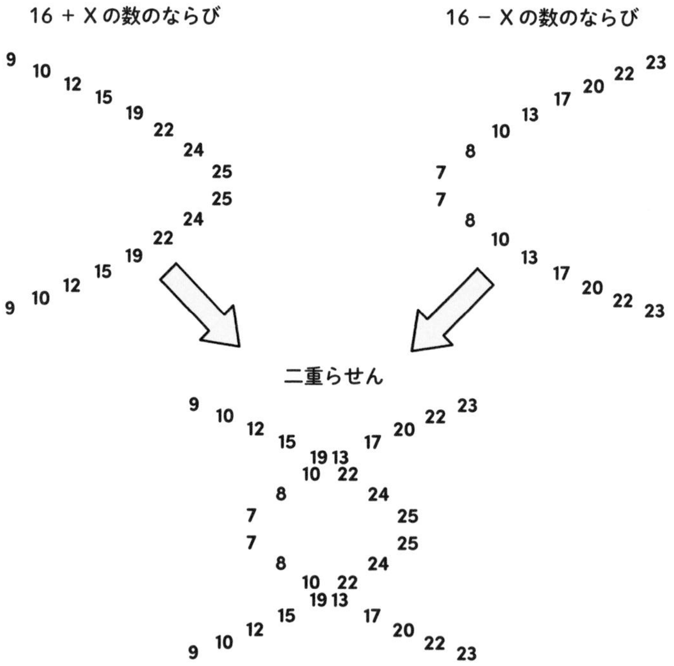

80行

```
80 GSB 100:GOTO 10
```

GSB《ゴーサブ》で、100行からはじまるサブルーチンをよび出して完成《かんせい》です。

10行にもどしてくり返させるので、二重らせんが連続《れんぞく》して表示されます。実行してみましょう。

100～130行

```
100 IF D=0 ? "A":WAIT 30
110 IF D=1 ? "G":WAIT 30
120 IF D=2 ? "C":WAIT 30
130 IF D=3 ? "T":WAIT 30
```

表示されるはやさをコントロールできるようにWAIT《ウェイト》をつけます。30にしてみます。

LIST《リスト》①を実行して全体のプログラムを表示させると、下のようになります。

```
5 X=-7:V=0:R=1:CLS
10 D=RND(4)
20 V=V+R:X=X+V
30 R=1:IF X>0 R=-1
40 LC 16+X,23
50 GSB 100
60 D=3-D
70 LC 16-X,23
80 GSB 100:GOTO 10
100 IF D=0 ? "A":WAIT 30
110 IF D=1 ? "G":WAIT 30
120 IF D=2 ? "C":WAIT 30
130 IF D=3 ? "T":WAIT 30
140 RTN
```


① F4《エフ》をおすか、LISTと入力してENTER《エンター》をおします。

35

フローチャートを見てみよう

TRY!

プログラムの流れをあらわすフローチャートを見てみます

1秒ごとに数をふやして、60秒になったら分を、60分になったら時《じ》をふやして表示《ひょうじ》すれば時計ができます。このプログラムをフローチャートという図式で見てみます。フローチャートとは、プログラムの流れを、分かりやすく図にしたものです。図を見る前に、まずは時計のプログラムを実際《じっさい》に作ってみましょう。

STEP1 秒、分、時を表示させよう

```
10 H=0:M=0:S=0
20 CLS:LC 12,12
30 ? H;":";M;":";S:WAIT 60
```

10行

時をH《エイチ》、分をM《エム》、秒をS《エス》とします。時は英語《えいご》でHOUR《アワー》、分はMINUTE《ミニット》、秒はSECOND《セカンド》といいます。それぞれの最初《さいしょ》の文字であるH、M、Sを変数《へんすう》として使います。

20行

プログラムを実行したらCLS《クリアスクリーン》で画面の表示を消します。LC《ロケイト》で位置《いち》を決めて、左から12、上から12の位置に、時刻《じこく》を表示させます。

30行

20行で決めた位置に、?《プリント》で、H、M、Sと、区切りの記号:《コロン》を表示させます。;《セミコロン》で、横にならべて表示させます。

時計なので表示させる時間は1秒です。1秒はIchigo《イチゴ》Jam《ジャム》では60です。

STEP2

秒、分、時を進ませよう

40行

1秒ずつ秒数のSを変《か》えます。プログラムをくり返すたびにSを1ずつふやします。

```
40 S=S+1
50 IF S=60 S=0:M=M+1
```

50行

秒数のSが60になるたびにSを0にして、分をあらわすMを1ずつふやします。

TICK《ティック》 60 = 1 秒
60 秒 = 1 分
60 分 = 1 時間
24 時間 = 1 日

60行

分をあらわすMが60になるたびにMを0にして、時をあらわす数のHを1ずつふやします。

```
10 H=0:M=0:S=0
20 CLS:LC 12,12
30 ? H;":";M;":";S:
WAIT 60
40 S=S+1
50 IF S=60 S=0:M=M+1
60 IF M=60 M=0:H=H+1
70 IF H=24 H=0
80 GOTO 20
```

70行

時をあらわす数のHが24になるたびにHを0にします。

80行

20行にもどってくり返させます。

実行してみましょう。画面のほぼまんなかに時刻が表示されます。

```
0:8:53
```

STEP3 時刻《じこく》を入力できるようにしよう

プログラムを実行したら、INPUT《インプット》でキーボードから現在《げんざい》の時刻《じこく》を入力できるようにします。

11行・12行・13行

何時、何分、何秒の順《じゅん》でキーボードから、現在の時刻を入力できるようにします。

?《プリント》でH《エイチ》を表示《ひょうじ》させて、その右にキーボードから数字を入力できるようにします。12行で分をあらわす数のM《エム》を、13行で秒数のS《エス》を入力できるようにします。

```
11 ? "H";:INPUT H
12 ? "M";:INPUT M
13 ? "S";:INPUT S
```

LIST《リスト》①を実行してプログラム全体を表示します。
たしかめたら、実行してみましょう。

```
10 H=0:M=0:S=0
11 ? "H";:INPUT H
12 ? "M";:INPUT M
13 ? "S";:INPUT S
20 CLS:LC 12,12
30 ? H;":";M;":";S:WAIT 60
40 S=S+1
50 IF S=60 S=0:M=M+1
60 IF M=60 M=0:H=H+1
70 IF H=24 H=0
80 GOTO 20
```

STEP4 時計プログラムのフローチャートを見よう

プログラムの流れをフローチャートといいます。

フローとは、「流れ」という意味の英語《えいご》であるFLOW《フロー》のことで、チャートとは「航海図《こうかいず》」という意味の英語であるCHART《チャート》のことです。

フローチャートは、プログラムを分かりやすく図式化したものです。右のページでたしかめましょう。

① F4《エフ》をおすか、LISTと入力して ENTER《エンター》 をおします。

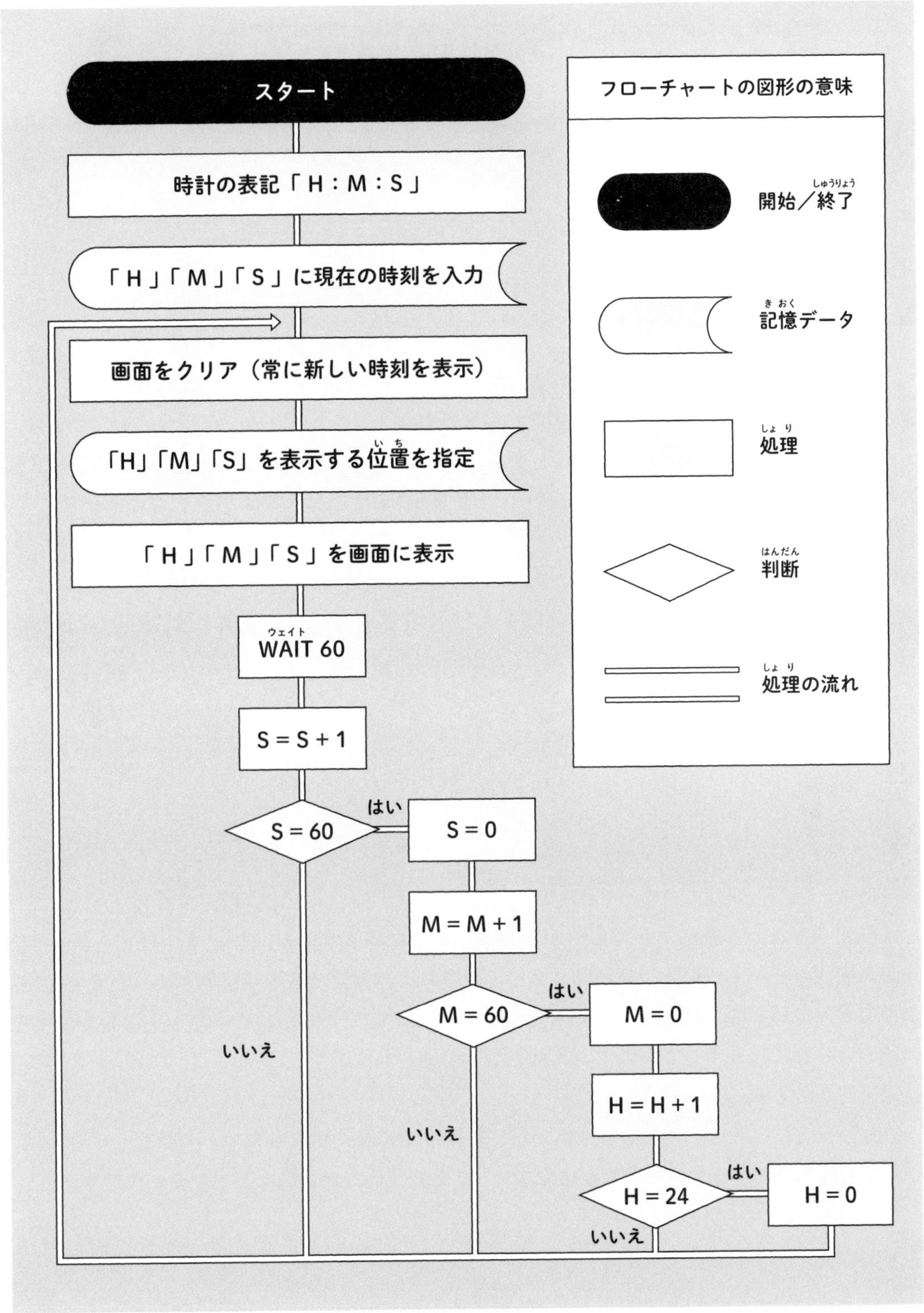
スタート
時計の表記「H：M：S」
「H」「M」「S」に現在の時刻を入力
画面をクリア（常に新しい時刻を表示）
「H」「M」「S」を表示する位置《いち》を指定
「H」「M」「S」を画面に表示
WAIT《ウェイト》 60
S = S + 1
S = 60
はい
S = 0
M = M + 1
M = 60
はい
M = 0
H = H + 1
H = 24
はい
H = 0
いいえ
いいえ
いいえ
フローチャートの図形の意味
開始／終了《しゅうりょう》
記憶《きおく》データ
処理《しょり》
判断《はんだん》
処理《しょり》の流れ

36

コンピューターの数字を知ろう

TRY!

コンピューターが使う2進法《にしんほう》を学びます

STEP1 2進法《にしんほう》について知ろう

コンピューターのなかで行われている計算では､0と1の2つの数字しか使われていません。プログラムは0と1の数字の組み合わせに変《か》えられて、コンピューターに伝《つた》えられています。

0と1だけの数字で数を表現《ひょうげん》することを2進法《にしんほう》といいます。ふだん使っている数字の世界は1から9まで進むと次は10の位にあがり､11から99まで進むと次は100の位にあがります。これを10進法《じっしんほう》といいます。

0と1しかない2進法の世界では、0、1と進むと、2はないので、次は10になります。2進法では10はイチゼロと読みます。たとえば、10進法の5は2進法では101、10進法の16は2進法では10000、10進法の30は2進法では11110となります。

10進法	1	2	3	4	5	6	7	8	9	10
2進法	1	10	11	100	101	110	111	1000	1001	1010

人間からすると2進法はとても分かりづらいように感じますが、なぜコンピューターは2進法を使うのでしょうか？　それはコンピューターは、電気（電圧《でんあつ》や電流《でんりゅう》）の「ある＝高い」か「なし＝低《ひく》い」の2種類《しゅるい》を信号《しんごう》として使っているからです。情報《じょうほう》を「ある / なし」の信号の組み合わせに組み直しています。それを数字であらわすので、「ある＝1」「なし＝0」の2進法を使うのです。

2進法を使うとけたが大きくなりますが、計算はかんたんになります。コンピューターは、かんたんな数字の大きな式の計算が得意《とくい》なので、2進法の方が便利《べんり》なことが多いのです。

2進法の方が、計算がかんたんになる例《れい》を見てみます。

10進法の 19 ＋ 23 ＝ 42 は、2進法では 10011 ＋ 10111 ＝ 101010 となります。

10進法

```
  1 9
+ 2 3
-----
  4 2  ← 9 + 3 = 12 と 1 + 1 + 2 = 4 の計算をする
```

2進法

```
   1 0 0 1 1
 + 1 0 1 1 1
 -----------
 1 0 1 0 1 0  ← 1 + 1 = 10、1 + 1 + 1 = 11、1 + 0 + 1 = 10、1 + 0 + 0 = 1、
                1 + 1 = 10 の計算
```

2進法の1けた同士《どうし》の足し算には4種類の計算しかない

0 + 0 = 0　　1 + 0 = 1　　0 + 1 = 1　　1 + 1 = 10

次にかけ算です。10進法の 6 × 5 ＝ 30 は、2進法の 110 × 101 ＝ 11110 となります。

```
      1 1 0
    × 1 0 1
  ---------
      1 1 0
    0 0 0      ← 110 × 1 = 110 と 110 × 0 = 0 の2種類の計算
  1 1 0
  ---------
  1 1 1 1 0    ← 1 + 0 = 1、1 + 0 + 0 = 1、0 + 1 = 1 の計算
```

2進法の1けた同士のかけ算には4種類の計算しかない

0 ＊ 0 = 0　　1 ＊ 0 = 0　　0 ＊ 1 = 0　　1 ＊ 1 = 1

2進法の計算では、足し算もかけ算も単純《たんじゅん》な計算でできることが分かります。

計算は単純になっても、計算の量《りょう》自体は多くなります。でもコンピューターでは1秒に何万回も計算ができるので、計算の量が大きくなることは問題ありません。

Ichigo《イチゴ》Jam《ジャム》は、1秒に5000万回の計算ができます。あっという間に計算してしまいます。

STEP2 10 進法《じっしんほう》を 2 進法《にしんほう》に変《か》えよう

BIN《バイナリー》 コマンドは、10 進法《じっしんほう》の数を 2 進法《にしんほう》の数に変《か》えてくれます。バイナリーとは、「2 進法の」という意味の英語《えいご》の BINARY《バイナリー》 です。$《ドル》をつけて使います。

BIN を使って 10 進法の 2 を 2 進法の数にするプログラムは右のようになります。10 と返してきました。

```
? BIN$(2)
10
```

10 進法の 10 を、2 進法にしてみましょう。10 進法の 10 は、2 進法の 1010 です。

```
? BIN$(10)
1010
```

STEP3 2 進法を 10 進法に変えよう

`《バッククウォート》 は、2 進法の数を 10 進法の数に変えてくれます。このバッククウォートは、シングルクウォートの「'」とまちがえやすいので気をつけましょう。

```
? `10
2
```

「`」を使って 2 進法の 10 を 10 進法の数に変えて表示《ひょうじ》させると、2 と返してきました。2 進法の 1010 を 10 進法にしてみましょう。10 と返してきます。

```
? `1010
10
```

STEP4 プログラムで 2 進法を数えさせよう

0、1、2、3 …と進む 10 進法を 2 進法で数えさせるプログラムを、GOTO《ゴートゥー》 を使って作ります。

10 行

プログラムを実行したら CLS《クリアスクリーン》 で画面の表示を消します。0 からはじまる X《エックス》 を用意します。

```
10 CLS:X=0
```

20 行

プログラムを GOTO でくり返すたびに、X を 1 ずつ大きくします。

```
10 CLS:X=0
20 X=X+1
```

30行

?《プリント》で、10進法の数を表示して、そのとなりにBINで変換《へんかん》した2進法の数を表示します。時間は1秒です。

```
10 CLS:X=0
20 X=X+1
30 ? X,BIN$(X):WAIT 60
```

40行

20行へもどしてくり返させます。

実行しましょう。

```
10 CLS:X=0
20 X=X+1
30 ? X,BIN$(X):WAIT 60
40 GOTO '20
```

STEP5 FOR《フォー》、TO《トゥー》、NEXT《ネクスト》を使って、2進法を数えつづけるプログラムを作ろう

同じように10進法と2進法を数えつづけるプログラムを、FOR《フォー》、TO《トゥー》、NEXT《ネクスト》を使って作ります。21回だけ数えるようにしましょう。

10行・20行

10行はCLS。20行のFORと40行のNEXTで?のプログラムをはさみます。

21回くり返すので、I《アイ》が0から20になるまでくり返させます。

```
10 CLS
20 FOR I=0 TO 20
```

30行・40行

BINが10進法のIを2進法に変えます。

?が10進法のIと、それを2進法に変換《へんかん》した数を画面に表示させます。

実行してみましょう。

```
10 CLS
20 FOR I=0 TO 20
30 ? I,BIN$(I):WAIT 60
40 NEXT
```

16進《しん》法《ほう》を知ろう

TRY!

16進《しん》法《ほう》を学んで、10《じっ》進《しん》法《ほう》の数字を16進法に変《か》えます

STEP1 16進《しん》法《ほう》を知ろう

コンピューターは2《に》進《しん》法《ほう》を使いますが、2進法はけた数が多くなり、また、0と1のくり返しなので人間にはとても読みにくいものです。そのためプログラミングでは16進《しん》法《ほう》というものを使って数を表現《ひょうげん》することがあります。アスキーコードや色を示《しめ》すカラーコードなどでは、16進法が使用されます。

2進法では0と1の2個《こ》の数字を、10進法では0から9までの10個の数字を使います。16進法では、0から9までの10個の数字と、A《エー》からF《エフ》までの6個のアルファベットを数字として使います。

2進法で使う数字	0	1														
10進法で使う数字	0	1	2	3	4	5	6	7	8	9						
16進法で使う数字	0	1	2	3	4	5	6	7	8	9	A (10)	B (11)	C (12)	D (13)	E (14)	F (15)

16進法ではFの次が10です。16進法では10はイチゼロと読みます。この16進法を使うと2進法の4分の1の長さで、同じ数を表現できます。

たとえば、2進法の101001101101110は、16進法では536E《イー》です。

16進法の1けたが2進法の4けたを表現します。

STEP2 16進法に変換《へんかん》しよう

HEX《ヘックス》は、10進法を16進法に変換《へんかん》するコマンドです。右のように10進法の5179を、HEXが16進法の143B《ビー》と返してきます。

HEXとは、「16進法の」という意味の英語《えいご》のHEXADECIMAL《ヘキサデシマル》のことです。

次に16進法を10進法に変換してみます。

16進法に#《ハッシュ》をつけて?《プリント》で表示すると、10進法が表示されます。143Bは、10進法で5179です。

```
? HEX$(5179)
143B
OK
```

```
? #143B
5179
OK
```

STEP3 16進法を数えつづけさせよう

前に作った2進法で数えつづけるプログラムを改造《かいぞう》します。BIN《バイナリー》をHEXに変《か》えます。16進法なので、16から10の位になることが分かります。

```
10 CLS
20 FOR I=0 TO 16
30 ? BIN$(I),I:WAIT 60
40 NEXT
```

```
0 0
1 1
10 2
11 3
100 4
101 5
110 6
111 7
1000 8
1001 9
1010 10
1011 11
1100 12
1101 13
1110 14
1111 15
10000 16
```

```
10 CLS
20 FOR I=0 TO 16
30 ? HEX$(I),I:WAIT 60
40 NEXT
```

```
0 0
1 1
2 2
3 3
4 4
5 5
6 6
7 7
8 8
9 9
A 10
B 11
C 12
D 13
E 14
F 15
10 16
```

Q. ふりかえり問題

1 次のコマンドの省略形《しょうりゃくけい》を書きましょう。

省略形

PRINT《プリント》 → (　　　　)

LOCATE《ロケイト》 → (　　　　)

GOSUB《ゴーサブ》 → (　　　　)

RETURN《リターン》 → (　　　　)

2 下の図は、九九《くく》の 2 の段《だん》の答えを表示《ひょうじ》させるプログラムです。左から 2 の位置《いち》に、上から 1 行ずつあけて、順番《じゅんばん》に答えを表示させるプログラムになるように、白いわくに数字を書きましょう。

```
10 CLS:X=2:Y=1:Z=
20 LC X,Y:? "2x";Z;"=";2*Z
30 X=X+0:Y=Y+    :Z=Z+1
40 IF 2*Z>    END
50 GOTO 20
```

3 下の左の図は、画面上の記号の位置をあらわしています。下の左の図のように記号が表示されるように、白いわくに数字を書きましょう。

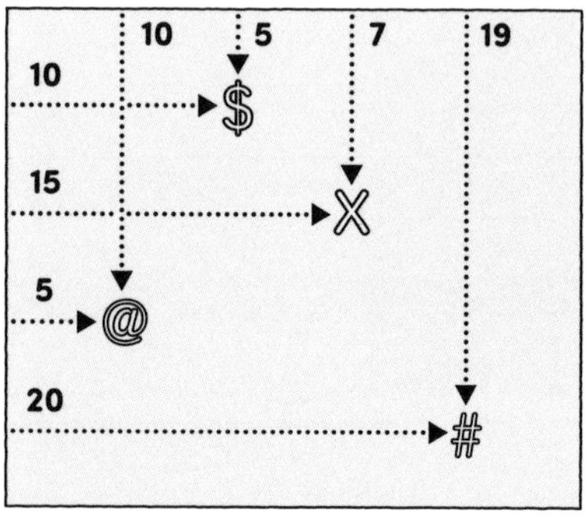


```
10 CLS
20 LC 5,10:? "@":WAIT 50
30 LC 15,    :? "X":WAIT 50
40 LC 10,5:? "$":WAIT 50
50 LC    ,19:? "#":WAIT 50
60 GOTO 10
```

4 次のプログラムを実行したときに画面に表示される数字を白いわくに書きましょう。

```
X=
Y=
Z=
```

```
10 CLS
20 X=10
30 Y=20
40 Z=X+Y
50 ? "X=";X
60 ? "Y=";Y
70 ? "Z=";Z
```

5 2回数字が表示されると、1回音が出るプログラムになるように、40行の白いわくに記号を書きましょう。

```
10 X=0
20 ? X:WAIT 60
30 X=X+1
40 IF X    2=1 THEN BEEP
50 GOTO 20
```

6 左のプログラムは、上からおりてくるボールを打つバッティングゲームです。右は、ボールが左から来るように改造《かいぞう》したプログラムです。60行の白いわくに文字を書いてプログラムを完成《かんせい》させましょう。

```
10 Y=0
20 CLS
30 LC 14,15:? "!"
40 LC 15,Y:? "O"
45 IF Y=21 END
50 IF BTN(32) GOTO 90
60 Y=Y+1
70 WAIT 3
80 GOTO 20
90 IF Y=15 ? "HIT"
```

```
10 X=0
20 CLS
30 LC 14,15:? "!"
40 LC X,14:? ">"
45 IF X=32 END
50 IF BTN(32) GOTO 90
60    =    +1
70 WAIT 3
80 GOTO 20
90 IF X=14 ? "HIT"
```

Q. ふりかえり問題

⑦ 次のプログラムは川くだりゲームのプログラムです。36 行と 40 行の白いわくに数字を書いて、左カーソルをおすと左に、右カーソルをおすと右に動き、岩に当たっていなければゲームをくり返すプログラムにしましょう。

```
10 CLS:X=15
20 LC X,5:? "O"
30 LC RND(30)+1,23:? "*"
35 WAIT 5
36 X=X-BTN(    )+BTN(    )
40 IF SCR(X,    )=0 GOTO 20
```

⑧ 10 行で入力した数だけ＊《アスタリスク》を横にならべて、さらにそれを 20 行で入力した数だけたてにならべるプログラムです。30 行と 40 行の白いわくに文字を書いて、プログラムを完成《かんせい》させましょう。

```
10 INPUT"YOKO",A
20 INPUT"TATE",B
30 FOR J=1 TO
40 FOR I=1 TO    :? "*";:NEXT:?
50 NEXT
60 C=A*B:? C
```

9 次のプログラムでは、数をあらわす英語《えいご》がランダムに表示《ひょうじ》されます。その英語がどの数字をあらわすのかを、キーボードで数字を入力して答えます。10行で、1から連続《れんぞく》する数字に、1から5までの数をあらわす英語の言葉をおぼえさせます。白いわくに必要《ひつよう》なコマンドを書きましょう。

```
10          [1],"ONE","TWO","THREE","FOUR","FIVE"
15 CLS:WAIT 60:LC 0,10:CLT
20 N=RND(5)+1
30 ? STR$([N])
40 IF INKEY()-48<>N GOTO 40
50 GOTO 15
```

10 次のプログラムの論理式《ろんりしき》で、左右のカーソルをおしてAが動いたときに1を返してくる論理式に1を、0を返してくる論理式に0を書きましょう。

```
10 CLS
20 X=10
30 LC X,10:? "A";
40 K=INKEY()
50 IF K=0 THEN GOTO 40
60 LC X,10:? " ";
70 X=X-(K=28 AND X>0)+(K=29 AND X<31)
90 GOTO 30
```

```
(    ) (K=28 AND X>0 )
(    ) (K=29 AND X<31)
```

ふりかえり問題

⑪ 次のプログラムは、ジャンプゲームのプログラムです。37 行の白いわくにコマンドを書いて、画面全体が左に動いていくようにしましょう。

```
10 CLS:Y=15:V=0
20 LC 0,Y:? "M"
25 IF RND(10)=0 LC 31,15:?"T"
30 IF Y=15 V=3*(INKEY()!=0)
35 WAIT 4
37          LEFT
40 Y=Y-V:V=V-1
50 IF SCR(1,Y) END
60 GOTO 20
```

⑫ 次のプログラムがどう進むのか、行番号を順番《じゅんばん》にならべます。白いわくに行番号を書きましょう。

```
5 CLS
10 LED 1:WAIT 30
20 LED 0:WAIT 30
30 A=A+1
40 IF A>3 GOSUB 100
50 GOTO 10
100 ? "4!":A=0
110 RTN
```

Aが 3 までのとき

5→10→20→30→40→50→(　　　)→

Aが 4 以上になったとき

5→10→20→30→40→(　　　)→(　　　)→50→

(　　　)→20→30→40→(　　　)→

⑬ 次のA《エー》のプログラムをB《ビー》に改造《かいぞう》すると、なにを表示《ひょうじ》できるようになるでしょうか。白いわくに書きましょう。

```
A
? TICK()/60

B
? TICK()/60;".";TICK()%60/6
```

（　　　　　　　　　　）を表示できるようになる。

⑭ 次のプログラムは、文字や記号を画面いっぱいに表示するプログラムです。はじめにキーボードで入力した数をキャラクターコードとするキャラクターがランダムな位置《いち》に表示されます。プログラムの実行中にキーボードをおすと、その記号や文字がランダムな位置に表示されるようになります。
白いわくに文字を書いてプログラムを完成《かんせい》させましょう。

```
10 CLS:C=0
20 INPUT C
30 LC RND(32),RND(22)
40 ? CHR$(    ):WAIT 60
45 K=          ():IF K>0 THEN C=K
50 GOTO 30
```

答え

①

		省略形《しょうりゃくけい》
PRINT《プリント》	→	(?)
LOCATE《ロケイト》	→	(LC)
GOSUB《ゴーサブ》	→	(GSB)
RETURN《リターン》	→	(RTN)

解説 PRINT　数や文字列《もじれつ》を表示《ひょうじ》します。文字列は“ ”《ダブルクウォート》のなかに入力します。横にならべて表示するには、;《セミコロン》 でつなぎます。

LOCATE　表示する左からの位置《いち》と上からの位置を指定します。

GOSUB　サブルーチンをよび出します。

RETURN　サブルーチンからGSB《ゴーサブ》の次の行へもどります。

②

```
10 CLS:X=2:Y=1:Z= 1
20 LC X,Y:? "2x";Z;"=";2*Z
30 X=X+0:Y=Y+ 2 :Z=Z+1
40 IF 2*Z> 18 END
50 GOTO 20
```

解説 10行　10行のZ《ゼット》は、2にかける数の最初《さいしょ》の数なので1です。プログラムをくり返すたびに、30行で1ずつ大きくなります。

20行　LC《ロケイト》で左からX《エックス》、上からY《ワイ》の位置に式を表示します。最初の式は2 × 1です。

30行　X、Y、Z《ゼット》を変化《へんか》させます。20行のLCで設定《せってい》する左からの位置Xは変化させません。1行あけて次の式を表示するので、上からの位置Yは2大きくします。Zはかける数なので、1大きくします。

40行　2の段《だん》の九九《くく》は2 × 9 = 18が最大《さいだい》なので、18より大きくなったら終わりにします。

3

```
10 CLS
20 LC 5,10:? "@":WAIT 50
30 LC 15, 7 :? "X":WAIT 50
40 LC 10,5:? "$":WAIT 50
50 LC 20 ,19:? "#":WAIT 50
60 GOTO 10
```

解説　30行　Xの位置は左から15、上から7です。

50行　#《ハッシュ》の位置は左から20、上から19です。

4

```
X= 10
Y= 20
Z= 30
```

```
10 CLS
20 X=10
30 Y=20
40 Z=X+Y
50 ? "X=";X
60 ? "Y=";Y
70 ? "Z=";Z
```

解説　Xに10を、Yに20をおぼえさせたので、?《プリント》 Zは、10 + 20の計算結果《けっか》である30を表示します。

A. ANSWER

答え

⑤

```
10 X=0
20 ? X:WAIT 60
30 X=X+1
40 IF X % 2=1 THEN BEEP
50 GOTO 20
```

（解説） 20 行・30 行

プログラムをくり返すたびに 1 ずつ大きくなりながら数字が表示《ひょうじ》されます。

40 行

2 で割《わ》ってあまりが 1 のときに BEEP《ビープ》 で音が出るようにします。記号は、割り算をしてあまりを返す%《パーセント》です。

数字の列	0	1	2	3	4	5	6	7	8	9…
2 で割ったときのあまり	0	1	0	1	0	1	0	1	0	1…

⑥

```
10 X=0
20 CLS
30 LC 14,15:? "!"
40 LC X,14:? ">"
45 IF X=32 END
50 IF BTN(32) GOTO 90
60 X = X +1
70 WAIT 3
80 GOTO 20
90 IF X=14 ? "HIT"
```

（解説） 左からボールが来るので、プログラムをくり返すたびに左からの位置《いち》X《エックス》の数が大きくなるようにします。60 行は X = X + 1 です。

⑦

```
10 CLS:X=15
20 LC X,5:? "O"
30 LC RND(30)+1,23:? "*"
35 WAIT 5
36 X=X-BTN( 28 )+BTN( 29 )
40 IF SCR(X, 5 )=0 GOTO 20
```

解説 36行

BTN《ボタン》（28）は左カーソルをおすと1を返します。その1を使って、左からの位置Xの数を小さくするのでカヌーは左へ動きます。

BTN（29）は右カーソルをおすと1を返します。その1を使って、左からの位置Xの数を大きくするのでカヌーは右へ動きます。

36行は、X=X-BTN(28)+BTN(29) です。

40行

カヌーが岩に当たったときの上からの位置は変化《へんか》しません。20行で、カヌーの上からの位置は5で固定《こてい》しています。40行は、IF SCR(X,5)=0 GOTO 20 です。

40行は THEN《ゼン》 が省略《しょうりゃく》されています。カヌーの位置に岩がなければ SCR《スクリーン》 は0を返すので、THEN の後の GOTO《ゴートゥー》 を実行して20行へ進み、くり返しになります。岩があるときには岩のキャラクターコードの数字を返すので0ではなくなり、THEN の後のプログラムはとばします。次のプログラムはないので、終わりになります。

```
40 IF SCR(X,5)=0 THEN GOTO 20
```

A 答え

A. ANSWER

答え

8

```
10 INPUT"YOKO",A
20 INPUT"TATE",B
30 FOR J=1 TO B
40 FOR I=1 TO A :? "*";:NEXT:?
50 NEXT
60 C=A*B:? C
```

解説 30行

20行のINPUT《インプット》によって、B《ビー》がキーボードから入力した数字をおぼえます。横にならべた＊《アスタリスク》をBの回数だけたてにならべます。30行のFOR《フォー》と50行のNEXT《ネクスト》のなかのプログラムを、J《ジェイ》が1からBになるまでの回数だけくり返すということです。

40行

10行のINPUTによって、A《エー》がキーボードから入力した数字をおぼえます。Aの回数だけ＊を横にならべます。40行のFORとNEXTのなかのプログラムを、I《アイ》が1からAになるまでの回数だけくり返すということです。

9

```
10  LET  [1],"ONE","TWO","THREE","FOUR","FIVE"
15 CLS:WAIT 60:LC 0,10:CLT
20 N=RND(5)+1
30 ? STR$([N])
40 IF INKEY()-48<>N GOTO 40
50 GOTO 15
```

解説 LET《レット》と［ ］で、1から5までの数字に、英語《えいご》の1、2、3、4、5であるONE《ワン》、TWO《トゥー》、THREE《スリー》、FOUR《フォー》、FIVE《ファイブ》の文字列を連続《れんぞく》しておぼえさせます。LET[1]とすることで、1から連続する数に,の後の文字列を順番《じゅんばん》におぼえさせることができます。

⑩

```
10 CLS
20 X=10
30 LC X,10:? "A";
40 K=INKEY()
50 IF K=0 THEN GOTO 40
60 LC X,10:? " ";
70 X=X-(K=28 AND X>0)+(K=29 AND X<31)
90 GOTO 30

( 1 ) (K=28 AND X>0 )
( 0 ) (K=29 AND X<31)
```

解説 論理式《ろんりしき》は（　）のなかの条件《じょうけん》が成《な》り立つときには1を、成り立たないときには0を返します。

10～30行　プログラムを実行すると、左から10、上から10の位置《いち》にAが表示《ひょうじ》されます。

40行　左カーソルをおすと、40行のINKEY《インキー》が左カーソルのキャラクターコードの28を返して、K《ケー》が28をおぼえます。50行のK＝0の条件が成り立たなくなるので、THEN《ゼン》の後のプログラムをとばします。

60行　空白を表示してAを画面から消します。

70行　Kが28であって左からの位置X《エックス》が0より大きいので（K＝28　AND　X＞0）は1を返します。この位置を左からの位置X（最初《さいしょ》は10）から引くので、次のくり返しで30行のXは9になって、左から9、上から10の位置にAが表示されます。左に1動くということです。

答え

⑪

```
10 CLS:Y=15:V=0
20 LC 0,Y:? "M"
25 IF RND(10)=0 LC 31,15:? "T"
30 IF Y=15 V=3*(INKEY()!=0)
35 WAIT 4
37 IF SCR(1,Y) END
40 Y=Y-V:V=V-1
50 SCROLL LEFT
60 GOTO 20
```

（解説）このプログラムは、SCROLL《スクロール》コマンドの画面全体を左に動かすはたらきを使っています。SCROLL は、次のように文字や数字をつけることで、上下左右に画面をスクロールさせることができます。

上へスクロールする　SCROLL《スクロール》 UP《アップ》　または　SCROLL 0
下へスクロールする　SCROLL《スクロール》 DOWN《ダウン》　または　SCROLL 2
左へスクロールする　SCROLL《スクロール》 LEFT《レフト》　または　SCROLL 3
右へスクロールする　SCROLL《スクロール》 RIGHT《ライト》　または　SCROLL 1

⑫

```
5 CLS
10 LED 1:WAIT 30
20 LED 0:WAIT 30
30 A=A+1
40 IF A>3 GOSUB 100
50 GOTO 10
100 ? "4!":A=0
110 RTN
```

（解説）A《エー》が 3 までのときは、40 行の GOSUB《ゴーサブ》が実行されません。

5 → 10 → 20 → 30 → 40 → 50 → (10) →

A が 4 以上のときは、40 行の GOSUB が実行されて 100 行からはじまるサブルーチンがよび出されます。そして RTN《リターン》によって A は 0 になって 50 行へもどります。

5 → 10 → 20 → 30 → 40 → (100) → (110) → 50 →
(10) → 20 → 30 → 40 → (50) →

13

```
A
? TICK()/60


B
? TICK()/60;".";TICK()%60/6
```

・1秒より短い時間
（　　・小数点以下《いか》　　）を表示《ひょうじ》できるようになる。
・小数点第一位までの秒数

解説　Aでは、TICK《ティック》の数を60で割《わ》るので秒単位《たんい》の数が返されます。0より小さい小数点以下の計算結果《けっか》は返されません。

B《ビー》では、Aの秒の表示にならべて小数点を表示して、さらにTICKを60で割ったあまりを6で割った数を表示します。TICKを60で割ったあまりの数を6で割った数が1秒より短い、小数点第一位の数となります。

14

```
10 CLS:C=0
20 INPUT C
30 LC RND(32),RND(22)
40 ? CHR$( C ):WAIT 60
45 K= INKEY ():IF K>0 THEN C=K
50 GOTO 30
```

解説　40行

20行のINPUT《インプット》でC《シー》におぼえさせた数をキャラクターコードとするキャラクターを表示します。

45行

とちゅうでおしたキーの文字を表示させるのでINKEY《インキー》です。INKEYは、キーボードでおされたキーのキャラクターコードを返します。キーがおされたら、INKEYが返す数をK《ケー》がおぼえます。

Kは0より大きくなるので、THEN《ゼン》の後のC=Kが実行されます。CがKの数字をがおぼえるので、40行にもどったときにKの数をキャラクターコードとするキャラクターが表示されます。

コマンド一《いち》覧《らん》

コマンド		使い方	
CLS	クリアスクリーン	画面をきれいにする。F1《エフ》でも実行できる。	P.11
LED	エルイーディー	「LED 1」で LED をつけ、「LED 0」で LED を消す。	P.11
WAIT	ウェイト	指定した時間、そのまま待たせる。「WAIT 60」のように、WAIT のうしろに数字をつけて使う。	P.11
PRINT	プリント	指定した文字列や数字を表示させる。“ ” でかこむと、かこんだ文字列をそのまま表示できる。数字は “ ” をつけなくても表示できる。省略形《しょうりゃくけい》は、？。	P.11
RND	ランダム	不規則《ふきそく》な数字を返させる。「RND(5)」のように、うしろに () をつけて、数字をいれる。「RND(5)」で、0 から数えて 5 個《こ》目までの数字、つまり 0 から 4 のなかから、不規則に数字が返ってくる。	P.11 P.48
GOTO	ゴートゥー	指定した行までプログラムを進めたり、もどしたりする。「GOTO 10」のように、GOTO のうしろに行番号をつけて使う。	P.11
BTN	ボタン	ボタンがおされると 1 を返し、ボタンがおされていなければ 0 を返す。	P.11
IF	イフ	もし○○なら、XX するというように、条件《じょうけん》をつけて、コンピューターに判断《はんだん》をさせる。「IF X=0 GOTO 10」（もし X が 0 なら、10 行へ進む）のように使う。	P.11
BEEP	ビープ	ピッという短い音を出す。「BEEP 5」のように数字をつけて使うこともでき、数字が小さいほど、音は高くなる。	P.11
PLAY	プレイ	ドレミファソラシドと、音階《おんかい》を鳴らすことができる。	P.11
RUN	ラン	プログラムを実行する。F5 でも実行できる。	P.11
LIST	リスト	プログラムを表示《ひょうじ》する。F4 でも実行できる。	P.11
SAVE	セーブ	IchigoJam《イチゴジャム》のファイルにプログラムを保存《ほぞん》させる。0 から 3 までの 4 つの場所に保存することができる。「SAVE 1」のように、SAVE のうしろに、プログラムを保存させたい番号をつけて使う。	P.11 P.13
FILES	ファイルズ	IchigoJam のファイルに保存したプログラムをたしかめることができる。ファイルの 0 から 3 まで、どこにどのプログラムが保存されているかが分かる。	P.11
LOAD	ロード	IchigoJam のファイルに保存したプログラムをよび出すことができる。「LOAD 1」のように、LOAD のうしろに、プログラムをよび出したい番号をつけて使う。	P.11 P.13

NEW	ニュー	プログラムをわすれさせる。	P.11
LOCATE	ロケイト	文字や数字、記号をどこに表示するか指定する。「LOCATE 5,8」（左から 5、上から 8）のように使う。省略形は、LC。	P.16
END	エンド	プログラムを終わりにする。	P.29
INPUT	インプット	キーボードから入力した数を文字におぼえさせることができる。	P.34
SCR	スクリーン	指定した位置にある文字のキャラクターコードを返す。	P.54
TICK	ティック	IchigoJam が数えている時間の数を返す。	P.60
CLT	クリアティック	IchigoJam が数えている時間の数を 0 にもどして数え直す。	P.61
CHR	キャラクター	指定したコードのキャラクターを表示させる。「CHR$(14)」のように、CHR$ のうしろに、よび出したいキャラクターのキャラクターコードをつける。	P.76
ASC	アスキー	指定した文字や記号のアスキーコードを返す。	P.79
INKEY	インキー	おされたキーのキャラクターコードを返す。	P.92
FOR TO NEXT	フォー トゥー ネクスト	はさんだプログラムを指定した回数だけくり返させる。「FOR I=1 TO 10 : ? " ＊ " : NEXT」のように使う。このプログラムは、変数 I が 1 から 10 になるまでの 10 回＊を表示する。	P.100
LET	レット	数字の配列に言葉をおぼえさせる。「LET [1],"ONE","TWO","THREE"」のように使う。このプログラムは、配列の 1 番から 3 番に、「ONE」「TWO」「THREE」をおぼえさせることができる。	P.116
STR	ストリング	文字列を返す。	P.117
SCROLL	スクロール	指定した方向へ画面全体を動かす。	P.126
GOSUB	ゴーサブ	サブルーチンをよび出す。「GOSUB 100」のように、GOSUB のうしろに行番号をつけて使う。省略形は、GSB。	P.139
RETURN	リターン	GOSUB の次の行にもどる。サブルーチンの終わりにつける。	P.139
CLV	クリアバリアブル	すべての変数を 0 にもどす。	P.144
BIN	バイナリー	数を 2 進法《しんほう》で表示する。	P.170
HEX	ヘックス	数を 16 進法で表示する。	P.173

記号一《いち》覧《らん》

記号		意味
:	コロン	コマンドをつなげる
;	セミコロン	横に並べて表示《ひょうじ》する
+	プラス / 足す	足し算の記号
-	マイナス / 引く	引き算の記号 / 負《ふ》の数の記号
*	アスタリスク	かけ算の記号
/	スラッシュ	割《わ》り算の記号（小数点以《い》下《か》は切りすて）
%	パーセント	（A%B=C で）C は A ÷ B のあまりの数
=	イコール	（A=B で） A と B は等しい

こんなとき、どうする？

Q1. キーボードをおしても、Ichigo《イチゴ》Jam《ジャム》が反応《はんのう》しません。

ANSWER　プログラムが実行されつづけているのかもしれません。キーボードの左上にある、ESC《エスケープ》をおしてみましょう。

Q2. プログラムを直したはずなのに、修正《しゅうせい》が反映《はんえい》されていません。

ANSWER　プログラムを修正した後、行ごとに ENTER《エンター》をおしましたか。1 行修正するごとに ENTER《エンター》をおさないと、修正が反映されません。

Q3. エラーが出ますが、どこがまちがっているのか分かりません。

ANSWER　本のコードと照《て》らし合わせて、1 行ずつ確認《かくにん》してみましょう。Syntax《シンタックス》 error《エラー》 in《イン》 20 と表示《ひょうじ》されていたら、20 行にエラーがあるということなので、20 行をよく見ましょう。直したら、行ごとに ENTER《エンター》をおして、直したコードをおぼえさせましょう。

Q4. 今作っているプログラムとは別《べつ》の、新しいプログラムを作りたいのですが。

ANSWER　行番号をつけたプログラムを書いていたら、NEW《ニュー》でプログラムをわすれさせて、CLS《クリアスクリーン》で画面をきれいにしてから、はじめるとよいでしょう。作ったプログラムを保存《ほぞん》しておきたいときには SAVE《セーブ》コマンドを使います。（→ P.13）

SIGN

!=	ノット・イコール・トゥー	(A!=B で) A と B は等しくない
<>	レス・アンド・グレーター・ザン	(A<>B で) A と B は等しくない
>	グレーター・ザン	(A>B で) A は B より大きい
<	レス・ザン	(A<B で) A は B より小さい
>=	グレーター・ザン・オア・イコール・トゥー	(A>=B で) A は B と同じか、B より大きい
<=	レス・ザン・オア・イコール・トゥー	(A<=B で) A は B と同じか、B より小さい
`	バッククォート	2 進法《しんほう》で数を表記する
#	ハッシュ	16 進法で数を表記する

Q & A

Q5. ファンクションキーをおしても何も実行されません。

ANSWER お使いの機器《きき》によってはキーボードのファンクションキーが使えない場合があります。そのときにはコマンドを入力してください。

Q6. IchigoJam《イチゴジャム》 web《ウェブ》 上で、IMPORT《インポート》 で読みこんだプログラムが動きません。

ANSWER 全角になっている文字やスペースを半角にして、やり直してください。

Q7. プログラムは正しいはずなのに、うまく動きません。

ANSWER ご使用のバージョンによっては、うまく動かないときがあります。本書は IchigoJam1.4.2 で確認しています。ご使用機器のバージョンアップを希望される場合は、購入されたショップにご相談ください。

Q8. プログラムに問題はなさそうなのに、本の通りの動きをしないときがあります。

ANSWER どのようなプログラムにもエラーがあります。新しいエラーを発見したのかもしれません。複数《ふくすう》の機器を組み合わせて使う場合には、機器の相性が合わずに正しく動かない場合があります。

ENJOY PROGRAMMING!!

プログラムが完成《かんせい》して、思ったとおりにコンピューターが動いてくれたときの楽しさを感じてくれたでしょうか。プログラミングは、コンピューターにしてほしいことを、そのやり方が分かるように教えてあげることです。コンピューターと会話しながら、何回もエラーを出して、試行錯誤《しこうさくご》をくり返しながら、やっと分かってもらえるプログラムにたどりつく。そこにプログラミングの面白さがあります。たくさんエラーを出して、たくさん直して、たくさん改造《かいぞう》して、これからもプログラミングを楽しんでくださいね。

監修
IchigoJam 開発者
福《ふく》野《の》 泰《たい》介《すけ》

石川県出身、福井県在住。MSX BASIC を 8 歳で始め、プログミング歴は 33 年。2 つの起業を経て 2003 年に株式会社 jig.jp を創業。こどもパソコン IchigoJam の開発者で、こどもたちにプログラミングを伝える活動を精力的に行っている。福井県こどもプログラミング協議会実行委員長や、政府 CIO 任命オープンデータ伝道師などもつとめる。2020 年 3 月には、各都道府県の新型コロナウイルスの感染状況がひと目で分かる「COVID-19 Japan 新型コロナウイルス対策ダッシュボード」の開発をいち早く行い、注目を集めた。

創造日課ブログ「一日一創」 https://fukuno.jig.jp/
ツイッターアカウント @taisukef

くもんのプログラミングワーク ②
チャレンジ! IchigoJam

2020 年 10 月　初版第 1 刷発行

監修	福野泰介
イラスト	obak
アートディレクション	北田進吾
デザイン	北田進吾 , 畠中脩大（キタダデザイン）
本文制作	株式会社扇央社
発行人	志村直人
発行所	株式会社くもん出版 〒 108-8617 東京都港区高輪 4-10-18 京急第 1 ビル 13F 代表　03-6836-0301 営業部　03-6836-0305 編集部　03-6836-0317 https://www.kumonshuppan.com
印刷	株式会社精興社

ISBN　978-4-7743-3147-8

CD 59901